Teubner Studienbücher

Physik

Becher/Böhm/Joos: **Eichtheorien der starken und elektroschwachen Wechselwirkung** 2. Aufl. DM 39,80

Bopp: **Kerne, Hadronen und Elementarteilchen.** DM 34,–

Bourne/Kendall: **Vektoranalysis.** 2. Aufl. DM 28,80

Carlsson/Pipes: **Hochleistungsfaserverbundwerkstoffe.** DM 28,80

Daniel: **Beschleuniger.** DM 28,80

Engelke: **Aufbau der Moleküle.** DM 38,–

Fischer/Kaul: **Mathematik für Physiker**
Band 1: Grundkurs. 2. Aufl. DM 48,–

Goetzberger/Wittwer: **Sonnenenergie.** 2. Aufl. DM 29,80

Gross/Runge: **Vielteilchentheorie.** DM 39,80

Großer: **Einführung in die Teilchenoptik.** DM 26,80

Großmann: **Mathematischer Einführungskurs für die Physik.** 5. Aufl. DM 36,–

Grotz/Klapdor: **Die schwache Wechselwirkung in Kern-, Teilchen- und Astrophysik.** DM 46,–

Heil/Kitzka: **Grundkurs Theoretische Mechanik.** DM 39,–

Heinloth: **Energie.** DM 42,–

Kamke/Krämer: **Physikalische Grundlagen der Maßeinheiten.** DM 26,80

Kleinknecht: **Detektoren für Teilchenstrahlung.** 2. Aufl. DM 29,80

Kneubühl: **Repetitorium der Physik.** 3. Aufl. DM 48,–

Kneubühl/Sigrist: **Laser.** 2. Aufl. DM 42,–

Kopitzki: **Einführung in die Festkörperphysik.** 2. Aufl. DM 44,–

Kröger/Unbehauen: **Technische Elektrodynamik.** DM 42,–

Kunze: **Physikalische Meßmethoden.** DM 28,80

Lautz: **Elektromagnetische Felder.** 3. Aufl. DM 32,–

Lindner: **Drehimpulse in der Quantenmechanik.** DM 28,80

Lohrmann: **Einführung in die Elementarteilchenphysik.** 2. Aufl. DM 26,80

Lohrmann: **Hochenergiephysik.** 3. Aufl. DM 34,–

Mayer-Kuckuk: **Atomphysik.** 3. Aufl. DM 34,–

Mayer-Kuckuk: **Kernphysik.** 4. Aufl. DM 39,80

Mommsen: **Archäometrie.** DM 38,–

Neuert: **Atomare Stoßprozesse.** DM 28,80

Nolting: **Quantentheorie des Magnetismus**
Teil 1: Grundlagen. DM 38,–
Teil 2: Modelle. DM 38,–

Raeder u. a.: **Kontrollierte Kernfusion.** DM 42,–

Fortsetzung auf der 3. Umschlagseite

Einführung in die Elementarteilchenphysik

Von Prof. Dr. rer. nat. Erich Lohrmann
Universität Hamburg

2., überarbeitete und erweiterte Auflage
Mit 85 Bildern und 23 Tabellen

 B. G. Teubner Stuttgart 1990

Prof. Dr. rer. nat. Erich Lohrmann

Geboren 1931 in Esslingen a.N., Studium in Stuttgart und Bern bei E. Schopper und F. G. Houtermans, Promotion 1956, anschließend wissenschaftliche Tätigkeit an den Universitäten in Frankfurt und Chicago, seit 1961 am Deutschen Elektronen-Synchrotron in Hamburg, seit 1976 Promotio an der Universität Hamburg, von 1976–1978 Aufentahlt am Kernforschungszentrum CERN in Genf.

CIP-Titelaufnahme der Deutschen Bibliothek

Lohrmann, Erich:
Einführung in die Elementarteilchenphysik / von Erich Lohrmann. – 2., überarb. u. erw. Aufl. – Stuttgart : Teubner, 1990
   (Teubner-Studienbücher: Physik)
   ISBN-13: 978-3-519-13055-0   e-ISBN-13: 978-3-322-87201-2
   DOI: 10.1007/978-3-322-87201-2

Das Werk einschließlich aller seiner Teile ist urheberrechtlich geschützt. Jede Verwertung außerhalb der engen Grenzen des Urheberrechtsgesetzes ist ohne Zustimmung des Verlages unzulässig und strafbar. Das gilt besonders für Vervielfältigungen, Übersetzungen, Mikroverfilmungen und die Einspeicherung und Verarbeitung in elektronischen Systemen.
© B. G. Teubner, Stuttgart 1990

Satz: Elsner & Behrens GmbH, Oftersheim

Umschlaggestaltung: W. Koch, Sindelfingen

Vorwort

Bei seinen Versuchen, die Natur zu verstehen, läßt sich der Mensch von heuristischen Modellen leiten. Alte Modelle, welche die Natur mit Göttern bevölkern, haben eine recht geringe Voraussagekraft. Die modernen Naturwissenschaften nehmen an, daß die Natur aus einigen — wie man hofft, wenigen — elementaren Bausteinen aufgebaut ist. Falls man die Bausteine kennt und die Kräfte, welche zwischen ihnen wirken, lassen sich, wenigstens im Prinzip, alle Phänomene der Natur aus einigen wenigen Grundprinzipien verstehen und damit auch voraussagen. Es ist a priori nicht klar, ob ein solches Programm Erfolg haben kann. Die Ergebnisse der physikalischen Grundlagenforschung in den letzten zwei Jahrzehnten haben jedoch gezeigt, daß diese Ideen in der Tat sehr fruchtbar sind, und es haben sich während der letzten zehn Jahre Ausblicke eröffnet, die zum Schlagwort „New Physics" Anlaß gaben und eine bisher unerreichte einheitliche Schau der Physik gestatten. Es ist sehr bemerkenswert, weil im Grunde unerwartet, daß viele — nicht alle — dieser neuen Ideen und Ergebnisse auf relativ einfachem anschaulichem Niveau verstanden werden können. Das Buch will auf diesem Niveau eine Einführung geben. Es setzt lediglich Abitur-Kenntnisse in Physik voraus, und wendet sich deshalb an Studierende der Physik in den Anfangssemestern sowie allgemein an alle, die sich mit dem Stand der Forschung auf dem Gebiet der Struktur der Materie vertraut machen wollen. Als Grundlage für das Verständnis der weiterführenden Literatur enthält das Buch auch einen ausführlichen Abschnitt über experimentelle Methoden, Beschleuniger und Speicherringe, um die Frage zu beantworten: „Woher weiß man das eigentlich?"

Ich danke allen, die mich bei der Abfassung dieses Buches unterstützt haben. Meinen Kollegen, den Herren D. Haidt, H. Joos, H. Meyer, P. Schmüser, K. Steffen, P. Waloschek und G. Wolf verdanke ich viele Diskussionen und Verbesserungsvorschläge. Herrn W. Knaut, Frau B. Lücke und Frl. G. Wolter danke ich für ihre tatkräftige Hilfe bei der Erstellung des Manuskripts. Für Hilfe bei den Bildern danke ich Herrn J. Schmidt, DESY, Dr. H. Wenninger, CERN, Prof. R. Hildebrand, Universität Chicago, und Dr. U. Timm, DESY.

Hamburg, im Sommer 1983　　　　　　　　　　　　　　　　　　　　　　　　E. Lohrmann

Vorwort zur 2. Auflage

Die zweite Auflage enthält eine Reihe von Ergänzungen und Verbesserungen sowie eine zusammenfassende Darstellung des "Standard-Modells", welches zum gegenwärtigen Zeitpunkt unangefochten weiterbesteht.

Hamburg, Februar 1989　　　　　　　　　　　　　　　　　　　　　　　　　E. Lohrmann

Inhalt

1 Grundlagen aus der Atom- und Kernphysik
- 1.1 Atom- und Kernaufbau 7
- 1.2 Spin und magnetisches Moment von Teilchen 10
- 1.3 Historische Vorbemerkungen 14
- 1.4 Betazerfall 20

2 Elektromagnetische Wechselwirkung
- 2.1 Elastische Streuung 23
- 2.2 Energieverlust durch Ionisation 25
- 2.3 Vielfachstreuung 27
- 2.4 Photo- und Comptoneffekt 31
- 2.5 Paarerzeugung 32
- 2.6 Schwächung von γ-Strahlung in Materie 33
- 2.7 Bremsstrahlung 34
- 2.8 Annihilation 35
- 2.9 Elektromagnetische Schauer 35

3 Experimentelle Hilfsmittel
- 3.1 Szintillationszähler 37
- 3.2 Proportional- und Driftkammern 40
- 3.3 Andere Spurdetektoren 42
- 3.4 Cerenkovzähler 44
- 3.5 Schauerzähler und Kalorimeter 45
- 3.6 Beispiel eines Detektors 47

4 Beschleuniger und Speicherringe
- 4.1 Strahloptik 51
- 4.2 Linearbeschleuniger 55
- 4.3 Speicherringe und Synchrotrons 57

5 Die elementaren Teilchen und ihre Wechselwirkungen
- 5.1 Fermionen und Bosonen 61
- 5.2 Die fundamentalen Fermionen: Leptonen und Quarks 62
- 5.3 Antiteilchen 64
- 5.4 Aufbau der Hadronen 68
- 5.5 Die fundamentalen Wechselwirkungen und Feldquanten 70

6 Quarkmodell der Hadronen
- 6.1 Quarkmodell der Mesonen 76
- 6.2 Quarkmodell der Baryonen 88

7 Quarks
- 7.1 Eigenschaften der Quarks 94
- 7.2 Dynamik 95

8 Leptonen und Quantenelektrodynamik
- 8.1 Systematik der Leptonen ... 102
- 8.2 Elektromagnetische Wechselwirkung der geladenen Leptonen ... 107

9 Die schwache Wechselwirkung
- 9.1 Der Strom-Strom-Ansatz ... 113
- 9.2 Leptonische Reaktionen ... 118
- 9.3 Semileptonische Reaktionen ... 120
- 9.4 Hadronische Reaktionen ... 122
- 9.5 Paritätsverletzung ... 123
- 9.6 Das K^0-System ... 127

10 Quarkmodell des Nukleons
- 10.1 Die Kinematik der Elementarreaktionen ... 128
- 10.2 Tief unelastische Elektron- und Muonstreuung ... 131
- 10.3 Tief unelastische Neutrinostreuung ... 135

11 Zusammenfassung – das Standard-Modell ... 141

Anhang ... 148

Wichtige Naturkonstanten ... 148

Literaturverzeichnis ... 149

Sachverzeichnis ... 152

1 Grundlagen aus der Atom- und Kernphysik

1.1 Atom- und Kernaufbau

Die Idee, daß die Materie aus kleinsten Teilchen zusammengesetzt ist, die sich nicht weiter zerlegen lassen, ist schon sehr alt. Demokrit (460 v. Chr.) sprach diesen Gedanken, soweit wir wissen, zum ersten Mal aus und nannte diese Teilchen Atome. Die Faszination dieser Idee besteht darin, daß sie den Menschen vor die Herausforderung stellt, alle Naturphänomene deduktiv aus der Existenz und der gegenseitigen Wirkung dieser kleinsten Teilchen zu verstehen.

Mehr als 2000 Jahre nach Demokrit erhob die Experimentierkunst des 19. Jahrhunderts die Atomtheorie zum Rang gesicherten Wissens. Mit unseren heutigen Mitteln ist es vergleichsweise leicht, Atome zu zählen, ja sichtbar zu machen. Die eindruckvollste elementare Demonstration der atomaren Welt ist wohl immer noch die Brownsche Molekularbewegung, man braucht dazu nur einen Tropfen Milch und ein Mikroskop.

Das Atom hat einen positiv geladenen Kern, in dem mehr als 99,9% seiner Masse konzentriert ist. Der Kern ist umgeben von Elektronen, die negativ geladen sind (s. Fig. 1.1). Die elektrische Anziehung zwischen positiven und negativen Ladungen bindet die Elek-

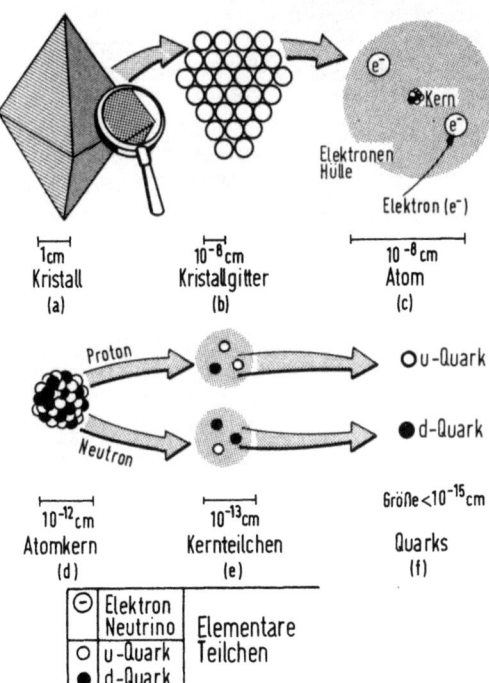

Fig. 1.1
Überblick über den Aufbau der Materie. Der Kristall als Beispiel besteht aus regelmäßig angeordneten Atomen (Kristallgitter). Die Atome bestehen aus dem Atomkern und den Elektronen der Hülle. Der Atomkern besteht aus Protonen und Neutronen (Kernteilchen, Nukleonen). Die Nukleonen bestehen aus Quarks, die wie das Elektron als elementar gelten

tronen an den Kern. Der Kern besteht aus Protonen und Neutronen. Proton und Neutron haben ungefähr dieselbe Masse (das Neutron ist etwas schwerer als das Proton) — s. Tab. 1.1. Proton und Neutron werden mit dem gemeinsamen Namen Nukleon bezeichnet. Ist die Zahl der Protonen im Kern Z, die der Neutronen N, so ist die Massenzahl (= Zahl der Nukleonen)

$$A = Z + N.$$

Die Ladung des Atomkerns ist (e = Elementarladung = $1{,}6022 \cdot 10^{-19}$ As)

$$Q_A = eZ.$$

Die Ladung des Elektrons ist

$$Q_e = -e.$$

Ein Kern der Ladung eZ hat Z Elektronen in der Hülle.

Atome sind mit großer Genauigkeit elektrisch neutral. Dies weiß man, weil man keine massenproportionale elektrostatische Effekte in Materie beobachtet hat. Die Ladungen von Proton und Elektron sind dem Betrag nach also mit großer Genauigkeit gleich. Die Ladungen der Protonen im Kern addieren sich genau.

Diese exakte Gleichheit der Ladungen von Elektron und Proton ist gut für den Menschen. Die verheerenden Wirkungen, die eine selbst sehr geringe Ungleichheit der Ladungen hätte, sind Gegenstand bekannter Übungsaufgaben für Physik-Anfänger. Warum sind die Ladungen gleich? Die moderne physikalische Theorie bemüht sich zur Zeit, eine nicht-anthropozentrische Erklärung zu finden [El 80].

Tab. 1.1 Eigenschaften der in der Kernphysik auftretenden Teilchen

	Symbol	Elektr. Ladg. [1]	Spin	Ruh-energie MeV [2]	Mittlere Lebens-dauer	Zerfall
Nukleonen						
Proton	p	+1	1/2	938,27	$> 10^{31}$ Jahre	–
Neutron	n	0	1/2	939,57	898 ± 16 s	$pe^-\bar{\nu}_e$
Mesonen	π^+	+1	0	139,57	$2{,}60 \cdot 10^{-8}$ s	$\mu^+\nu_\mu$ [3]
Pion	π^0	0	0	134,96	$0{,}87 \cdot 10^{-16}$ s	$\gamma\gamma$ [4]
	π^-	–1	0	139,57	$2{,}60 \cdot 10^{-8}$ s	$\mu^-\bar{\nu}_\mu$ [3]
Leptonen						
Muon	μ^-	–1	1/2	105,66	$2{,}20 \cdot 10^{-6}$ s	$e^-\bar{\nu}_e\nu_\mu$
Elektron	e^-	–1	1/2	0,511	$>2 \cdot 10^{22}$ Jahre	–
Muon-Neutrino	ν_μ	0	1/2	<0,25	–	
Elektron-Neutrino	ν_e	0	1/2	<46 eV	–	

[1]) in Einheiten der Elementarladung, e = $1{,}6022 \cdot 10^{-19}$ As.
[2]) Ruhenergie E = mc², m = Ruhmasse, 1 MeV = 10^6 eV = $1{,}6022 \cdot 10^{-13}$ Ws
[3]) Weitere Zerfälle: $e^\pm(\bar{\nu})_e$ (0,0124%), $\pi^0 e^\pm(\bar{\nu})$ (10^{-6}%)
[4]) Weitere Zerfälle: $\gamma e^+ e^-$ (1,2%)

1.1 Atom- und Kernaufbau

Die Zerlegung des Atoms in den Kern und die Elektronen der Hülle zeigt, daß die modernen Atome nicht die von Demokrit gemeinten unteilbaren Bausteine der Materie sind. Um zu den unteilbaren Atomen Demokrits zu kommen, muß man tiefer eindringen. Sind Elektron, Proton, Neutron diese gesuchten Teilchen? Aus der Sicht von 1988 lautet die Antwort: Elektron vermutlich ja, Proton und Neutron nein. Proton und Neutron bestehen aus Quarks. Auf dem Niveau der Quarks tritt eine Schwierigkeit auf, die man gezwungen ist, ernsthaft in Erwägung zu ziehen: Es könnte sein, daß es prinzipiell unmöglich ist, Quarks als isolierte Teilchen darzustellen. Von diesem bemerkenswerten Phänomen wird noch ausführlich die Rede sein.

Das einfachste Atom ist das Wasserstoffatom. Sein Kern besteht aus einem Proton. Das nächst einfache ist das Deuterium-Atom. Sein Kern besteht aus einem Proton plus einem Neutron (= Deuteron). Es hat wie das Wasserstoffatom nur ein Elektron in der Hülle. Man nennt Elemente mit derselben Protonzahl, aber verschiedener Neutronzahl im Kern Isotope. Wasserstoff und Deuterium sind also Isotope.

Die Größe und die Eigenschaften der Elektronenhülle des Atoms lassen sich nur mit den Hilfsmitteln der Quantentheorie verstehen. Einen qualitativen anschaulichen Zugang gewinnt man mit Hilfe der Heisenbergschen Ungenauigkeitsrelation

$$\Delta p_x \cdot \Delta x \gtrsim \hbar, \tag{1.1}$$

wobei $\hbar = h/2\pi$, h = Planck'sche Konstante (s. Anhang). Die Gleichung besagt, daß es grundsätzlich unmöglich ist, die x-Impulskomponente eines Teilchens genauer als mit Δp_x zu messen, wenn seine x-Koordinate mit der Genauigkeit Δx bekannt ist. Eine entsprechende Gleichung gilt für das Paar Energie-Zeit:

$$\Delta E \cdot \Delta t \gtrsim \hbar. \tag{1.2}$$

Anwendung auf das Wasserstoff-Atom: Falls die Größe des Atoms durch den Radius R gegeben ist, so kennt man den Ort des Elektrons mit einer Genauigkeit $\Delta x \approx R$. Der Impuls des Elektrons kann wegen Gl. (1.1) nicht null sein, sondern er muß um null schwanken und der Mittelwert seines Betrages ist etwa

$$\langle p \rangle = \langle |\vec{p}| \rangle \approx \Delta p_x \approx \hbar/R.$$

Ist R sehr klein, wird die kinetische Energie $p^2/2m_e$ des Elektrons so groß, daß die elektrostatische Anziehung zwischen Proton und Elektron nicht ausreicht, um das Elektron innerhalb der Entfernung R am Proton zu halten.

Im Gleichgewicht müssen sich die potentielle Energie der Coulomb-Anziehung und die kinetische Energie die Waage halten, also hat man

$$\frac{e^2}{4\pi \cdot \epsilon_0 \cdot R} \cong \frac{p^2}{2m_e} \cong \frac{\hbar^2}{R^2 \cdot 2m_e}$$

und hieraus

$$R \cong \frac{4\pi\epsilon_0 \hbar^2}{2m_e \cdot e^2}.$$

/ 10 1 Grundlagen aus der Atom- und Kernphysik

Eine genauere Rechnung liefert für den „Radius des Wasserstoffatoms" (= Bohr'scher Radius) (s. Anhang für Zahlenwerte von $\hbar$, e, ϵ_0, m_e)

$$R_H = \frac{4\pi\epsilon_0 \hbar^2}{e^2 \cdot m_e} = 0{,}53 \cdot 10^{-10} \text{ m} = 0{,}53 \text{ Å}. \tag{1.3}$$

Dieser Ausdruck ist eine Konvention, welche die „mittlere Größe" des Wasserstoffatoms angibt, da man nach Gl. (1.1) das Elektron nicht genau auf einer Bahn lokalisieren kann. Angebbar ist nur die Wahrscheinlichkeit ΔW, das Elektron in einem Raumelement ΔV aufzufinden. Sie ist

$$\Delta W = |\psi|^2 \Delta V \tag{1.4}$$

Dabei ist $\psi = \psi(x, y, z)$ die Wellenfunktion des Elektrons, die mit den Hilfsmitteln der Quantentheorie berechenbar ist. Die Größe und Form eines Atoms ist also durch die Verteilung der Aufenthaltswahrscheinlichkeit der Elektronen gegeben. Fig. 1.2 zeigt diese Verteilung für das Wasserstoffatom.

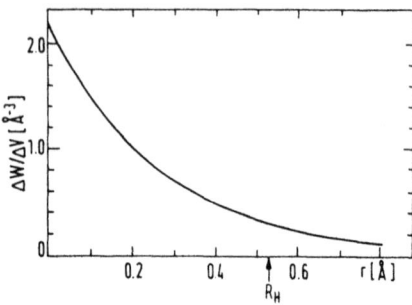

Fig. 1.2
Aufenthaltswahrscheinlichkeit des Elektrons im Wasserstoffatom im Grundzustand. $(\Delta W/\Delta V) \cdot \Delta V = |\psi|^2 \cdot \Delta V$ = Wahrscheinlichkeit, das Elektron in einem Volumen der Größe ΔV [Å^3] in der Entfernung r[Å] vom Proton anzutreffen. 1 Å = 10^{-8} cm

Der Wasserstoff ist das einfachste Element. Atome mit mehr als einem Proton und mit Neutronen im Kern bilden die weiteren Elemente. Die äußeren Elektronen ihrer Hülle liegen ungefähr im Abstand von 1 Å (s. Gl. (1.3)). Die inneren Elektronen befinden sich, vor allem bei den schweren Elementen, im Mittel sehr viel näher am Kern.
Tab. 1.2 zeigt eine Übersicht über die chemischen Elemente.

1.2 Spin und magnetisches Moment von Teilchen

Nach den Gesetzen der Quantenmechanik kann der Bahndrehimpuls L eines Teilchens nur diskrete Werte annehmen. Seine maximale Komponente in eine willkürlich vorgebbare Richtung, vereinfachend als „der Bahndrehimpuls" bezeichnet, ist

$L = n \cdot \hbar$

$n = 0, 1, 2 \ldots$ = ganze Zahl.

Tab. 1.2 Die stabilen Atomkerne

Z	Elem.	A	Z	Elem.	A	Z	Elem.	A
1	H	1, 2	32	Ge	70, 72, 73, 74, 76	63	Eu	151, 153
2	He	3, 4	33	As	75	64	Gd	(152), 154, 155, 156, 157, 158, 160
3	Li	6, 7	34	Se	74, 76, 77, 78, 80, 82	65	Tb	159
4	Be	9	35	Br	79, 81	66	Dy	156, 158, 160, 161, 162, 163, 164
5	B	10, 11	36	Kr	78, 80, 82, 83, 84, 86	67	Ho	165
6	C	12, 13	37	Rb	85, (87)	68	Er	162, 164, 166, 167, 168, 170
7	N	14, 15	38	Sr	84, 86, 87, 88	69	Tm	169
8	O	16, 17, 18	39	Y	89	70	Yb	168, 170, 171, 172, 173, 174, 176
9	F	19	40	Zr	90, 91, 92, 94, 96	71	Lu	175, (176)
10	Ne	20, 21, 22	41	Nb	93	72	Hf	(174), 176, 177, 178, 179, 180
11	Na	23	42	Mo	92, 94, 95, 96, 97, 98, 100	73	Ta	180, 181
12	Mg	24, 25, 26	43	Tc	(97, 98)	74	W	180, 182, 183, 184, 186
13	Al	27	44	Ru	96, 98, 99, 100, 101, 102, 104	75	Re	185, (187)
14	Si	28, 29, 30	45	Rh	103	76	Os	184, 186, 187, 188, 189, 190, 192
15	P	31	46	Pd	102, 104, 105, 106, 108, 110	77	Ir	191, 193
16	S	32, 33, 34, 36	47	Ag	107, 109	78	Pt	(190), (192), 194, 195, 196, 198
17	Cl	35, 37	48	Cd	106, 108, 110, 111, 112, 113, 114, 116	79	Au	197
18	Ar	36, 38, 40	49	In	113, (115)	80	Hg	196, 198, 199, 200, 201, 202, 204
19	K	39, 41, (40)	50	Sn	112, 114, 115, 116, 117, 118, 119, 120, 122, (124)	81	Tl	203, 205
20	Ca	40, 42, 43, 44, 46, (48)	51	Sb	121, 123	82	Pb	(204), 206, 207, 208
21	Sc	45	52	Te	120, 122, 123, 124, 125, 126, 128, 130	83	Bi	209
22	Ti	46, 47, 48, 49, 50	53	I	127	84	Po	(209)
23	V	(50), 51	54	Xe	124, 126, 128, 129, 130, 131, 132, 134, 136	85	At	(210, 211)
24	Cr	50, 52, 53, 54	55	Cs	133	86	Rn	(222)
25	Mn	55	56	Ba	130, 132, 134, 135, 136, 137, 138	87	Fr	(223)
26	Fe	54, 56, 57, 58	57	La	(138), 139	88	Ra	(226)
27	Co	59	58	Ce	136, 138, 140, (142)	89	Ac	(227)
28	Ni	58, 60, 61, 62, 64	59	Pr	141	90	Th	(232)
29	Cu	63, 65	60	Nd	142, 143, (144), 145, 146, 148, 150	91	Pa	(231)
30	Zn	64, 66, 67, 68, 70	61	Pm	(145)	92	U	(234, 235, 238)
31	Ga	69, 71	62	Sm	144, (147, 148, 149), 150, 152, 154			

Erläuterungen zu Tab. 1.2: Z = Ordnungszahl; A = Liste der Massenzahlen der stabilen Isotope. Die Zahlen in Klammern bezeichnen instabile Isotope mit langer Lebensdauer $> 10^4$ Jahre, Ausnahmen: Po, At, Rn, Fr, Ra, Ac haben Lebensdauern < 2000 Jahre.

1 Grundlagen aus der Atom- und Kernphysik

Die Teilchen selbst können neben dem Bahndrehimpuls einen Eigendrehimpuls haben. Der Vergleich mit einem kleinen Kreisel liegt zwar nahe, jedoch ist dieses Bild aus der klassischen Physik nicht anwendbar, da selbst Teilchen ohne erkennbare räumliche Ausdehnung (z. B. das Elektron) einen solchen Eigendrehimpuls (= Spin) haben können. Die maximale Komponente des Spins S kann nur ganzzahlige Vielfache von $\hbar/2$ annehmen:

$$S = \frac{m}{2}\hbar$$

$m = 0, 1, 2, \ldots$ = ganze Zahl.

Der Gesamtdrehimpuls = Gesamtspin J ist die Summe von S und L, die nach den Gesetzen der Quantenmechanik zu bilden ist.

Elektron, Proton und Neutron haben Eigendrehimpuls = Spin S = $1/2\hbar$. Dies ist eine experimentell gesicherte Tatsache, die in jedem Lehrbuch der Atom- und Kernphysik beschrieben wird. Die Erklärung kommt nicht ohne die begrifflichen Hilfsmittel der Quantentheorie aus. Sie beruht auf dem Studium der Energiezustände von Elektron, Proton und Neutron, die sich durch die unterschiedliche Orientierung ihrer Spinvektoren ergeben. Das Deuteron hat Spin S = $1 \cdot \hbar$, das α-Teilchen (Kern des He^4-Atoms) hat Spin S = 0. Kerne mit einer ungeraden Zahl von Nukleonen haben halbzahligen, andernfalls ganzzahligen Spin.

Oft gibt man einfach den Drehimpuls in Vielfachen von $\hbar$ an und sagt, das Proton hat Spin 1/2, das Deuteron hat Spin 1.

Eine rotierende Ladung besitzt ein magnetisches Moment. Man vermutet deshalb, daß geladene Teilchen mit Spin ein magnetisches Moment besitzen. Dies ist so, jedoch ist der Zusammenhang zwischen Spin und magnetischem Moment ein anderer als in der klassischen Physik.

Die magnetischen Momente von Elektron, Proton und Neutron sind:

Elektron:

$$\mu_e = \frac{1}{2} g \cdot \mu_B$$

$$g = 2 \cdot (1 + a),$$

wobei $\quad a = \dfrac{g-2}{2} = 0{,}001159652200(40) \approx \dfrac{\alpha}{2\pi}$

$$\mu_B = \frac{e\hbar}{2m_e} = 0{,}5788 \cdot 10^{-10} \text{ MeV/T} = 0{,}927 \cdot 10^{-23} \text{ Am}^2 \quad \text{(Bohrsches Magneton)}$$

α = Feinstrukturkonstante, $\quad m_e$ = Elektronmasse,

c = Lichtgeschwindigkeit, s. Anhang.

Proton:

$$\mu_p = 2{,}792845 \cdot \mu_N$$

1.2 Spin und magnetisches Moment von Teilchen

Neutron:

$$\mu_n = 1{,}913043 \cdot \mu_N,$$

wobei $\mu_N = \dfrac{e\hbar}{2m_p}$ (Kernmagneton) $= 3{,}152451 \cdot 10^{-14}$ MeV/T, m_p = Protonmasse.

Das Neutron, obschon nach außen hin elektrisch neutral, besitzt doch ein magnetisches Moment. Das negative Vorzeichen bedeutet, daß das magnetische Moment, verglichen zum Spin, andersherum orientiert ist als beim Proton. Wir wissen heute, daß das Neutron (und das Proton) kein elementares Teilchen ist, sondern eine innere Ladungsstruktur hat, die das magnetische Moment erklärt (im Prinzip – mit der gemessenen Genauigkeit berechnet hat es noch niemand).

Richtungsquantelung des Drehimpulses Die Komponente des Drehimpulses in einer vorgegebenen Richtung kann nach den Gesetzen der Quantenmechanik nur bestimmte Werte annehmen. Ist der Drehimpuls (genauer die maximale Komponente)

$$j \cdot \hbar \tag{1.5}$$

(mögliche Werte: $j = 0, 1/2, 1, 3/2, \ldots$,),

so sind die möglichen Werte der Komponente des Drehimpulses in z-Richtung:

$$j_z = m \cdot \hbar \tag{1.6}$$

$$m = j, j-1, \ldots, -j+1, -j$$

(insgesamt $2j + 1$ mögliche Werte = Spin-einstellungen für jeden Wert j des Gesamtspins).

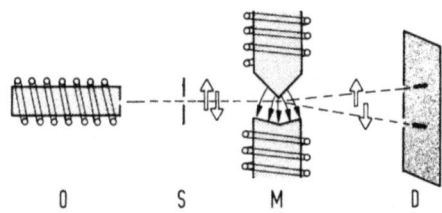

Fig. 1.3 Prinzipskizze zum Nachweis der Richtungsquantelung: In dem Ofen O werden Silberatome verdampft. Die Atome treten im Vakuum aus und bilden hinter der Blende S einen Atomstrahl (gestrichelte Linie). Die Silberatome haben Spin $1/2\hbar$. In der Richtung, die durch das Magnetfeld M vorgegeben ist, kann die Komponente des Spins nur die zwei durch Pfeile angegebenen Einstellungen haben. In dem inhomogenen Magnetfeld M werden die Atome, entsprechend den beiden Spineinstellungen, in zwei getrennten Strahlen abgelenkt, die z. B. durch Kondensation auf einer Glasplatte D nachgewiesen werden können. Ohne Richtungsquantelung würde man hinter dem Magneten eine kontinuierliche Verteilung erhalten. Dieser Versuch wurde erstmals 1921 von O. Stern und W. Gerlach durchgeführt

Fig. 1.3 zeigt die Prinzipskizze eines Experiments zum Nachweis der Richtungsquantelung.

1.3 Historische Vorbemerkungen

Der Atomkern ist, verglichen zur Größe eines Atoms, sehr klein. Man kann seine Größe durch Streuung Elektronen hoher Energie am Kern bestimmen. Je nach Meßmethode findet man etwas voneinander verschiedene Werte. Die ungefähre Größe des Kernradius R ist gegeben durch

$$R \simeq r_0 \cdot A^{1/3}$$

$$r_0 = (1{,}1 \div 1{,}3) \cdot 10^{-13} \text{ cm} = (1{,}1 \div 1{,}3) \cdot \text{fm}^1).$$

Diese Gleichung sagt, daß das Kernvolumen proportional der Zahl der Nukleonen A ist, d. h., daß die Dichte der Kernmaterie in allen Kernen ungefähr dieselbe ist. Die Größe (oder besser: Kleinheit) von r_0 sagt, daß die Nukleonen in einem Kern auf einen sehr kleinen Raum (mittlerer Abstand $\approx r_0$) zusammengepfercht sind. Die elektrischen Abstoßungskräfte zwischen den positiv geladenen Protonen werden also sehr groß. Warum fliegt der Kern nicht auseinander? Hier müssen sehr starke zusätzlich Kräfte wirken. Man nennt sie Kernkräfte oder Kräfte der starken Wechselwirkung, Streuexperimente von Nukleonen aneinander zeigen, daß die Kernkräfte für Protonen und Neutronen gleich wirken und daß sie eine sehr geringe Reichweite haben von der Größenordnung der Entfernung zweier Nukleonen im Kern, also etwa 1fm. Innerhalb dieser Entfernung sind sie bedeutend stärker als die elektrischen Kräfte, außerhalb verschwinden sie sehr rasch mit steigendem Abstand.

Zur Deutung, wie die Kräfte zustandekommen, muß man sich quantenmechanischer Vorstellungen bedienen. Fig. 1.4 zeigt wie sich der Kraftbegriff in der Physik über die

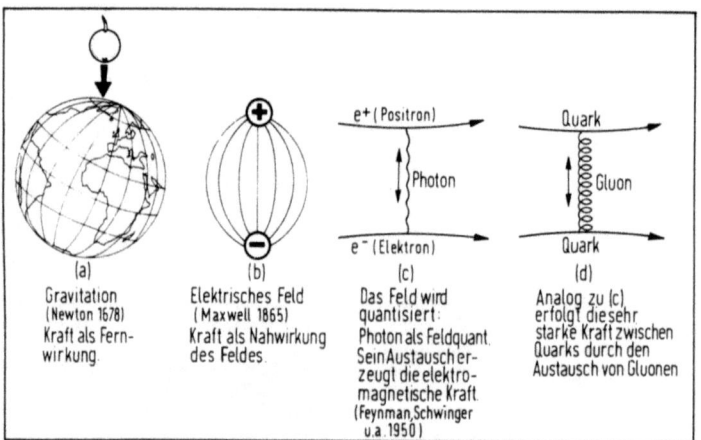

Fig. 1.4 Historische Entwicklung des Kraftbegriffs (s. Text) (aus [Lo 81a]).

---

[1]) 1fm = 1 fermi = 10^{-13} cm.

1.3 Historische Vorbemerkungen 15

Jahrhunderte entwickelt hat. In der Newtonschen Gravitationstheorie wird die Kraft als die Wirkung zweier entfernter Körper aufeinander verstanden. Die Einführung des Feldbegriffs in der Elektrizitätslehre bringt etwas Neues: Die Anwesenheit einer elektrischen Ladung modifiziert den Raum um diese Ladung: Es herrscht dort ein elektrisches Feld. Dieses besitzt eine Energiedichte. Es ist dieses Feld am Ort einer zweiten Ladung, welches die Kraft auf die zweite Ladung bewirkt. In der Quantentheorie muß das Feld quantisiert werden. Grob gesagt ist die Energie des Feldes in einzelne Quanten aufgelöst. Diese Energiequanten können nach der Einsteinschen Masse – Energieäquivalenz als Teilchen gedeutet werden. Die Kraft zwischen zwei Ladungen kommt nun durch Austausch (Emission und Absorption) dieser Teilchen zustande. Im elektrischen Fall sind diese Teilchen die Quanten des elektromagnetischen Feldes. Sie heißen Photonen, hochenergetische Photonen werden auch γ-Quanten genannt. Die Energie eines Photons ist gegeben durch

$$E_\gamma = h\nu = \hbar\omega, \tag{1.7}$$

ν = Frequenz, ω = Kreisfrequenz der zugeordneten elektromagnetischen Welle.

Daß der Austausch von Photonen zwischen Ladungen verschiedenen Vorzeichens Anziehung ergeben soll, widerspricht primitiven klassischen Vorstellungen, es ist aber trotzdem so. Hier sind die Grenzen unserer naiven Veranschaulichung quantenmechanischer Dinge. Fig. 1.5 zeigt in quantenmechanischer Sprache die Wechselwirkung zwischen zwei Ladungen durch den Austausch eines Photons. Solche Diagramme heißen Feynmandiagramme. Sie enthalten, wenn man die zeichnerischen Symbole übersetzt, eine Berechnungsvorschrift für die in dem Diagramm dargestellte Wechselwirkung.

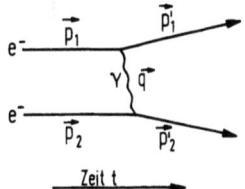

Fig. 1.5
Die Kraft zwischen zwei Elektronen (e⁻) kommt in erster Näherung durch Austausch eines virtuellen Photons (γ) zustande. Ein Elektron mit Impuls $\vec{p}_1$ emittiert ein virtuelles Photon des Impulses $\vec{q}$ und hat nach der Wechselwirkung den neuen Impuls $\vec{p}_1'$ = = $\vec{p}_1 - \vec{q}$. Das andere Elektron (Impuls $\vec{p}_2$) absorbiert das virtuelle Photon und hat nach der Wechselwirkung den neuen Impuls $\vec{p}_2' = \vec{p}_2 + \vec{q}$

Die Kernkraft hat, wie bereits erwähnt, eine sehr kurze Reichweite von etwa 10^{-13} cm. Sie wird heute auf die Kraft zwischen Quarks zurückgeführt. Historisch versuchte man zunächst, in Analogie zu Fig. 1.5 die Kraft zwischen Proton und Neutron durch Austausch eines neuen Teilchens zu erklären s. Fig. 1.6. Falls das Teilchen mit der Geschwindigkeit v emittiert wird, ist seine Reichweite r in der Zeit Δt:

$$r = v \cdot \Delta t.$$

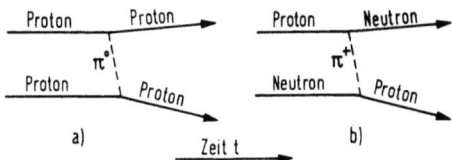

Fig. 1.6
Historische Vorstellung zum Zustandekommen der Kraft zwischen Nukleonen durch Austausch von Pionen (s. Text)

1 Grundlagen aus der Atom- und Kernphysik

Hat das Teilchen die Masse m, so ist seine Energie E

$$E \cong mc^2,$$

falls wir seine kinetische Energie vernachlässigen.

Das spontane Auftreten eines solchen Teilchens verletzt den Energieerhaltungssatz. Ist die Beobachtungszeit aber auf das Zeitintervall Δt beschränkt, so kann man die Energie nicht genauer bestimmen als auf (Gl. (1.2))

$$\Delta E \cong \hbar/\Delta t,$$

und damit ist das kurzfristige Auftreten eines Teilchens der Masse

$$m \cong \frac{\Delta E}{c^2} = \frac{\hbar}{\Delta t c^2}$$

möglich.

Die Reichweite der Kraft, die durch den Austausch eines solchen Teilchens vermittelt wird, ist nach Gl. (1.2) (mit $v \approx c$)

$$r \cong c \Delta t \cong c \cdot \frac{\hbar}{\Delta E} = \frac{c\hbar}{mc^2}.$$

Setzt man die Reichweite der Kernkräfte r = 1 fm, so erhält man eine Masse

$$m \cong \frac{\hbar}{c \cdot r} \cong 197 \text{ MeV}/c^2 \text{ }[1]). \tag{1.8}$$

Mit solchen Überlegungen sagte Yukawa[2]) 1935 die Existenz von Teilchen einer Masse von etwa 200 MeV/$c^2 \sim 1/5$ Protonmasse voraus. Führt man genug Energie zu, etwa durch den Stoß eines Protons aus einem Beschleuniger auf ein anderes Proton, so müßten diese Teilchen als freie Teilchen auftreten können. Dies tun sie auch. Man nennt sie π-Mesonen oder Pionen. Beispiel einer solchen Reaktion (p = Proton):

$$p + p \rightarrow p + p + \pi^0. \tag{1.9a}$$

Hier entsteht ein Pion mit Ladung 0 (π^0).

---

[1]) Massen werden in der Hochenergiephysik in Energieeinheiten gemessen. Die Energie-Einheit ist das Elektronenvolt (eV)

$$\begin{aligned}
1 \text{ eV} &= 1 \text{ Elementarladung} \times 1 \text{ Volt} = 1{,}6022 \cdot 10^{-19} \text{ Ws} \\
10^3 \text{ eV} &= 1 \text{ keV} \\
10^6 \text{ eV} &= 1 \text{ MeV} \\
10^9 \text{ eV} &= 1 \text{ GeV} \\
10^{12} \text{ eV} &= 1 \text{ TeV}
\end{aligned}$$

Ruhenergie des Protons $M_p c^2 = 938{,}27$ MeV, Masse des Protons $M_p = 938{,}27$ MeV/c^2.

[2]) H. Yukawa, japanischer Physiker, Nobelpreis 1949, gestorben 1981.

1.3 Historische Vorbemerkungen

Es gibt auch Pionen mit Ladung $\pm 1e (\pi^{\pm})$:

$$p + p \to p + n + \pi^+$$
$$p + n \to p + p + \pi^-$$
(n = Neutron). (1.9b)

Die Fig. 5.1 und 6.1 zeigen als Beispiel Reaktionen, bei denen Pionen entstehen. Gl. (1.9) zeigt, daß Pionen ganzzahligen Spin haben müssen. Erklärung: In Gl. (1.9a) sind im Anfangszustand zwei Protonen mit Spin 1/2. Der Bahndrehimpuls zwischen beiden Protonen kann nur ganzzahlige Werte (von ℏ) annehmen. Also ist der Gesamtdrehimpuls des Anfangszustandes ganzzahlig. Dies muß wegen der Drehimpulserhaltung auch für den Endzustand gelten. Hätte das Pion halbzahligen Spin, so hätte man im Endzustand drei Teilchen mit halbzahligem Spin. Zusammen mit einem ganzzahligen Wert der Bahndrehimpulse ergibt dies einen insgesamt halbzahligen Spin des Endzustandes, also einen Widerspruch.

Experimente legen den Spin des Pions zu 0 fest [Lo 81]. Das Pion ist unstabil und zerfällt. Die häufigste Zerfallsart des π^0 ist die in zwei γ-Quanten:

$$\pi^0 \to \gamma + \gamma. \quad (1.10)$$

Für das geladene Pion ist die häufigste Zerfallsart:

$$\pi^+ \to \mu^+ \nu_\mu$$
$$\pi^- \to \mu^- \bar\nu_\mu.$$
(1.11)

Das geladene Pion zerfällt hier in ein Muon ($\mu^{\pm}$) und ein μ-Neutrino[1]) mit einer mittleren Lebensdauer von $2{,}6 \cdot 10^{-8}$ s. Fig. 1.7 zeigt einen solchen Zerfall.

Die Eigenschaften der neuen Teilchen Pion, Muon und Neutrino zeigt Tab. 1.1. Die Pionen haben etwa 15% der Nukleonmasse, das Muon ist noch etwas leichter. Seine Masse läßt sich z. B. aus dem Zerfall der Fig. 1.7 berechnen, indem man die Energiebilanz aufstellt:

$$m_\pi c^2 = E_\nu + \sqrt{(pc)^2 + (m_\mu c^2)^2}.$$

Die Ruheenergie des Pions ($m_\pi c^2$) verwandelt sich in die Energie des Neutrinos (E_ν) plus die Energie des Muons. Für die letztere haben wir den Zusammenhang zwischen Masse m, Gesamtenergie E und Impuls p der relativistischen Mechanik benutzt:

$$E^2 = p^2 c^2 + m^2 c^4 \quad \text{(s. a. Gl. (2.2))}.$$

Beachtet man noch, daß die Neutrinomasse null ist, und daß der Impulssatz gilt (Impuls des Neutrinos p_ν = Impuls des Muons p), so gilt

$$p = p_\nu = E_\nu / c.$$

Der Impuls p des Muons ist bekannt, man kann ihn messen aus der Länge der Spur in der Blasenkammer, damit folgt E_ν, hieraus kann man die obige Gleichung nach m_μ, der Masse des Muons, auflösen.

---

[1]) ν_μ = μ-Neutrino, $\bar\nu_\mu$ = Anti-μ-Neutrino (wird in Abschn. 8 erklärt).

18   1 Grundlagen aus der Atom- und Kernphysik

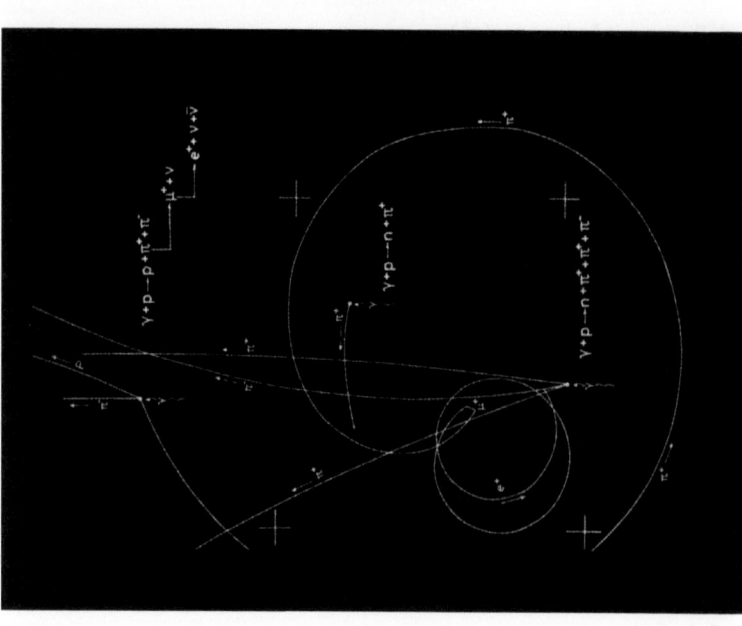

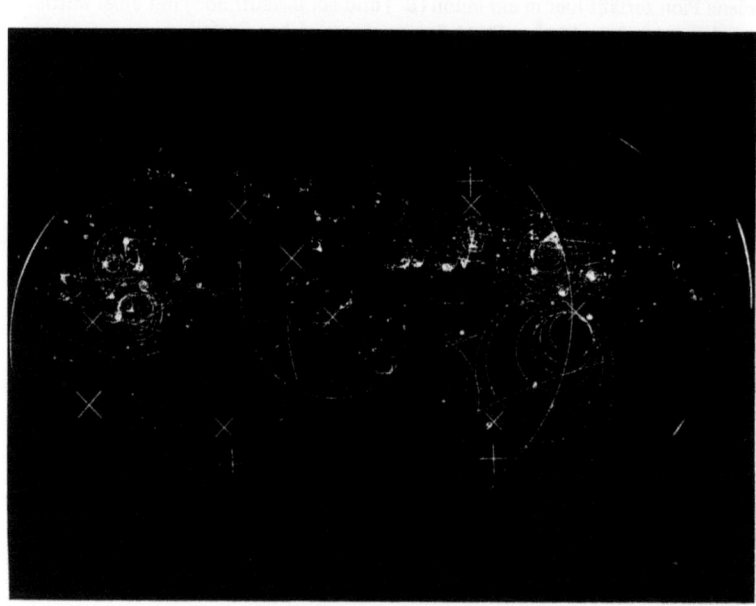

Fig. 1.7 Zerfall $\pi^+ \to \mu^+ \nu, \mu^+ \to e^+ \nu \bar{\nu}$ in der 80 cm Wasserstoff-Blasenkammer des Deutschen Elektronen-Synchrotrons DESY: Ein Photon von einigen GeV Energie trifft ein Proton der Wasserstofffüllung der Kammer und macht die Reaktion $\gamma p \to p \pi^+ \pi^-$ am oberen Bildrand. Das π^+ macht eine Spirale im Magnetfeld der Kammer, kommt zur Ruhe und zerfällt in ein μ^+ (kurze Spur). Das μ^+ kommt zur Ruhe und zerfällt in ein Po-

1.3 Historische Vorbemerkungen

Das Muon hat genau wie das Elektron Spin 1/2. Es kann als eine schwere Ausgabe des Elektrons gelten. Genau wie das Elektron hat es keine starke Wechselwirkung mit Protonen oder Neutronen. Dies weiß man aus Experimenten — s. Abschn. 8. Das Muon ist unstabil und zerfällt:

$$\mu^+ \to e^+ \nu_e \bar{\nu}_\mu \\ \mu^- \to e^- \bar{\nu}_e \nu_\mu \qquad (1.12)$$

mit einer mittleren Lebensdauer von $2{,}2 \cdot 10^{-6}$ s. Fig. 1.7 zeigt einen Muon-Zerfall. Die verschiedenen Neutrinoarten ν_e, ν_μ werden im Abschn. 1.4 erklärt.

Neben den Neutrinos kommt in Gl. (1.12) ein weiteres neues Teilchen vor, das Positron (e^+). Das Positron ist das Antiteilchen des Elektrons. Es hat genau dieselbe Masse, denselben Spin 1/2, aber entgegengesetzte Ladung und entgegengesetztes Vorzeichen des magnetischen Moments (relativ zum Spinvektor). Gl. (1.12) ist ein Beispiel, wie man dieses Anti-Elektron erzeugen kann. Wir werden weitere kennenlernen. Bringt man ein Teilchen mit seinem Antiteilchen zusammen, so vernichten sie sich gegenseitig (Annihilation), d. h., ihre Masse verwandelt sich vollständig in Energie. Für das Positron hat man

$$e^+ + e^- \to \gamma\gamma \quad \text{oder} \quad e^+ + e^- \to 3\gamma \qquad (1.13)$$

d. h. Annihilation in zwei bzw. drei Photonen, je nach der gegenseitigen Spinorientierung von e^+ und e^-.

Es ist eines der exakten Ergebnisse der Theorie der Elementarteilchen, daß es zu jedem Teilchen ein Antiteilchen gibt.

Dies gilt auch für das Proton. Das Antiproton annihiliert mit einem Proton, wobei z. B. Pionen entstehen können:

$$p + \bar{p} \to \pi^+ + \pi^+ + \pi^- + \pi^- + \pi^0.$$

Aus begreiflichen Gründen hält sich Antimaterie (Positron, Antiproton, Antineutron) in unserer Welt nicht allzulange, wenn man sie nicht im Vakuum isoliert.

Das Muon (μ^-) und sein Antiteilchen (μ^+) kann man in der kosmischen Strahlung in Meereshöhe antreffen. Es entsteht als Sekundärprodukt der primären kosmischen Strahlung, die aus Protonen mit einer Beimischung von ein paar Prozent schwerer Kerne besteht. Die Protonen und die anderen Kerne machen bei ihrem Eindringen in die Atmosphäre Stöße mit den Kernen der O- und N-Atome der Luft. Dabei entstehen Pionen, die nach kurzer Zeit nach Gl. (1.11) in Muonen zerfallen. Da die Muonen genau wie die Elektronen keine Kernwechselwirkung haben, können sie die restliche Atmosphäre durchqueren, während die Protonen und Pionen durch Kernstöße zum größten Teil absorbiert werden. So bleiben in Meereshöhe hauptsächlich Muonen nach. Ihr vertikaler Fluß ist $(9{,}8 \pm 0{,}4) \cdot 10^{-3}$ Muonen/cm² sterad s. Diese Muonen werden zum größten Teil in etwa 10 bis 20 km Höhe produziert. Bei einer Lebensdauer von $2{,}2 \cdot 10^{-6}$ s würden sie bei Bewegung mit Lichtgeschwindigkeit im Mittel nur 660 m weit kommen und nie die Erdoberfläche erreichen. Was ist hieran falsch? Es ist die naive Verwendung der klassischen Mechanik: Nach der speziellen Relativitätstheorie ist die

Lebensdauer eines bewegten Teilchens, gemessen in einem ruhenden Bezugsystem, verlängert um den Faktor $E/m_\mu c^2$ (E = Gesamtenergie, m_μ = Muonmasse): Zeitdilatation. Die Energie der meisten Muonen der kosmischen Strahlung ist $>$ einige GeV, also ist dieser Faktor $\gg 1$. Die Existenz von Muonen in Meereshöhe ist ein direkter Beweis der relativistischen Zeitdilatation.

Zum Schluß ist noch eine kritische Anmerkung zum Pion zu machen. Es wird zwar hier als das Quant des Kernkraftfeldes eingeführt, diese Vorstellung ist aber seit der Einführung des Quarkmodells überholt und hat heute nur noch heuristische Bedeutung. Man betrachtet das Pion heute als ein aus Quarks zusammengesetztes Teilchen. Als leichtestes der Mesonen wird es bei Stößen hoher Energie besonders häufig erzeugt, und es kommt ihm deshalb nach wie vor besondere Bedeutung zu.

1.4 Betazerfall

Manche Atomkerne sind instabil und zerfallen. Dieses „Radioaktivität" genannte Phänomen ist seit langer Zeit bekannt. Eine spezielle Art der Kernumwandlung, bei der u. a. Elektronen entstehen, nennt man aus historischen Gründen β-Zerfall, weil die aus Kernen emittierten Elektronen den Namen β-Strahlen erhielten.

Nun weiß man, daß Elektronen keine Kernwechselwirkung haben – z. B. weil Stöße zwischen Elektronen und Kernen genau nach den Gesetzen der Elektrodynamik ablaufen und keine zusätzliche Wirkung der Kernkräfte hierbei zu beobachten ist, oder weil die Energiezustände des Wasserstoffatoms mit äußerster Genauigkeit in Übereinstimmung mit Rechnungen sind, die lediglich eine elektromagnetische Wechselwirkung zwischen Elektron und Proton annehmen, so daß für einen Einfluß der Kernwechselwirkung kein Raum bleibt.

Wenn ein Kern trotzdem Elektronen emittiert, muß dies auf eine weitere zusätzliche Art der Wechselwirkung zurückgehen, die aus den eben geschilderten Gründen nicht allzu stark sein darf. Man nennt sie die schwache Wechselwirkung. Dabei ist „Wechselwirkung" gemeint als eine Fähigkeit, den Zustand eines Teilchens im allgemeinsten Sinne zu ändern.

Beim β-Zerfall geht ein Kern unter Aussendung eines Elektrons in einen anderen wohldefinierten Kern über. Dabei verwandelt sich ein Neutron im Kern in ein Proton: Die Massenzahl A bleibt konstant, Z nimmt um eins zu. Bezeichnet man die Massendifferenz zwischen den beiden Kernen als ΔM, so tritt bei dem Zerfall die Energie $\Delta M \cdot c^2$ auf. Nach dem Energieerhaltungssatz müßte das Elektron diese Energie übernehmen (bis auf eine geringe Rückstoßenergie des Endkerns), und müßte also mit dieser wohldefinierten Energie emittiert werden. Dies ist aber nicht der Fall. In Wirklichkeit hat das Elektron ein kontinuierliches Energiespektrum – s. Fig. 1.8.

Das obere Ende des Energiespektrums entspricht dem Wert $\Delta M \cdot c^2$, im Mittel ist die Elektronenenergie also niedriger als $\Delta M \cdot c^2$. Aus dem Erhaltungssatz der Energie folgt, daß beim β-Zerfall ein weiteres Teilchen emittiert werden muß, welches die fehlende Energie übernimmt. Dieses waren die Gedankengänge, die Pauli 1930 auf die Existenz

Fig. 1.8
Impulsspektrum P(p) des Elektrons aus einem Kern-β-Zerfall, vereinfacht, entsprechend einer Massendifferenz von Anfangs- und Endkern ΔM = 1 MeV/c². Bei einem Zerfall ohne Neutrino wäre der Elektronimpuls gegeben durch
$p' \approx \sqrt{\Delta M^2 - m_e^2} = 0{,}86$ MeV/c (vgl. Gl. (2.2))

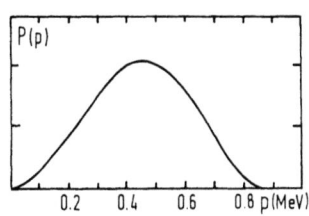

eines solchen Teilchens schließen ließen, welches man heute Neutrino nennt. Aus der Bilanz der elektrischen Ladungen beim β-Zerfall und aus der Tatsache, daß dieses Teilchen keine ionisierende Wirkung auf Materie hat, schloß man, daß es keine elektrische Ladung hat. Aus dem Fehlen jeglicher Reaktion mit Materie (wenigstens schien dies bei den damaligen experimentellen Hilfsmitteln so) folgt, daß das Neutrino auch keine starke Wechselwirkung, sondern eben nur eine schwache Wechselwirkung hat.

Der einfachste nukleare β-Zerfall ist der des Neutrons:

$$n \to pe^- \bar{\nu}_e. \qquad (1.14)$$

Die mittlere Lebensdauer des Neutrons ist (898 ± 16) s. Bedenkt man, daß die charakteristische Zeit in der Kernphysik 1 fermi/c ≈ 0,3 · 10⁻²³ s ist, so ist die Neutron-Lebensdauer im Vergleich dazu sehr lang. Die Wechselwirkung, die zum Zerfall des Neutrons führt, muß also in der Tat sehr schwach sein.

Beim Neutronzerfall entsteht ein Proton, ein Elektron und ein Neutrino. Jedes der drei Teilchen p, n, e⁻ hat Spin 1/2, und da der Bahndrehimpuls der Teilchen nur ganzzahlige Vielfache von ℏ wegschleppen kann, folgt aus der Drehimpulserhaltung, daß das Neutrino halbzahligen Spin (1/2, 3/2, ...) haben muß. Ein genaues Studium des Kern-β-Zerfalls und die Betrachtung der Drehimpulserhaltung dabei zeigen, daß der Spin des Neutrinos 1/2 ist.

Der Querstrich und der Index e an dem Neutrino in Gl. (1.14) steht für Anti-Elektron-Neutrino. Es gibt auch ein Elektron-Neutrino (ν_e). Zu den Muonen gehören das Mu-Neutrino (ν_μ) und das Anti-Mu-Neutrino ($\bar{\nu}_\mu$). Es gibt also mehrere Arten von Neutrinos. Dies wird in Absch. 8 erklärt. Beim β-Zerfall können ν_e und $\bar{\nu}_e$ auftreten, und zwar e⁻ mit $\bar{\nu}_e$ und e⁺ mit ν_e (Teilchen-Antiteilchenkombination). Obwohl die beiden Neutrinos keine Ladung haben und folglich nicht anhand derselben unterschieden werden können, handelt es sich um zwei verschiedene Teilchen. Dies folgt aus dem Studium der β-Zerfälle sowie aus den Neutrinoreaktionen, die weiter unten besprochen werden.

Der Vollständigkeit halber seien noch die zwei anderen möglichen Arten der Kern-β-Wechselwirkung aufgeführt:

Kern-Positronzerfall:

$$p \to ne^+ \nu_e. \qquad (1.15)$$

Dieser Zerfall ist natürlich für das freie Proton verboten. Er kann aber an einem im Kern gebundenen Proton erfolgen, wenn der Endkern eine genügend kleine Masse hat.

K-Einfang:

$$e^- + p \rightarrow n + \nu_e. \tag{1.16}$$

Auch diese Reaktion kann nur an einem im Kern gebundenen Proton erfolgen. Es verschluckt ein Elektron der Hülle, am liebsten eines, das möglichst nahe am Kern ist, also aus der K-Schale.

Die Gl. (1.14) bis (1.16) stellen die drei möglichen Manifestationen der Kern-β-Wechselwirkung dar.

Zurück zum Neutrino: Zunächst war seine Existenz nur aus den Erhaltungssätzen von Energie und Impuls erschlossen. Erst nach dem zweiten Weltkrieg hatte man in Gestalt von Kernreaktoren genügend starke Neutrinoquellen, so daß ein Experiment zum direkten Nachweis von Neutrinos möglich wurde. Fig. 1.9 zeigt eine Prinzipskizze der Anordnung.

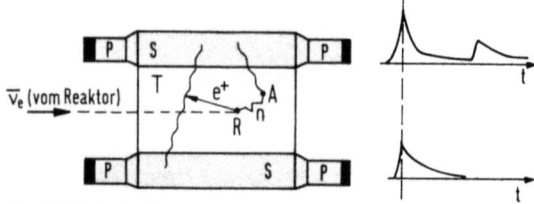

Fig. 1.9 Prinzipskizze zum Nachweis von (Anti-)Neutrinos (s. Text). Das rechte Bild zeigt schematisch die Pulse der beiden Szintillationszähler S. Zuerst kommen in Konzidenz die beiden Pulse von den beiden Photonen aus der Annihilation $e^+e^- \rightarrow 2\gamma$, dann kommt im oberen Zähler mit einer Verzögerung von ein paar μs (Abbremszeit des Neutrons) das Signal der (n, γ)-Einfangreaktion (Literatur [Ko 59])

Man nimmt zunächst einen Reaktor. Er ist wegen der nach Gl. (1.14) vor sich gehenden Zerfälle der radioaktiven Spaltprodukte eine starke Antineutrinoquelle. Die Antineutrinos können die folgende Reaktion machen („inverser β-Zerfall")

$$\bar{\nu}_e + p \rightarrow n + e^+. \tag{1.17}$$

Man kann diese Gleichung durch Umstellung einer der Gl. (1.14) bis (1.16) erhalten. Zum experimentellen Nachweis nimmt man einen gegen die restliche Strahlung des Reaktors gut abgeschirmten großen Tank (T), der mit CdCl in wässriger Lösung gefüllt ist. Im Punkt R möge die Reaktion nach Gl. (1.17) an einem Proton des Wassers stattfinden. Das dabei entstehende Positron annihiliert zusammen mit einem Elektron in zwei γ-Quanten von je 0,511 MeV Energie:

$$e^+ + e^- \rightarrow 2\gamma.$$

Die γ-Quanten werden in dem Szintillationszähler S nachgewiesen, der den Wassertank umgibt. Das Neutron wird abgebremst und wird nach einer Verzögerungszeit von einigen μs in einem Cd-Kern eingefangen, wobei ein Kern-γ-Quant emittiert wird (A). Diese drei γ-Quanten geben ein charakteristisches Signal, welches es gestattet, die Reaktion Gl. (1.17) in einem riesigen Untergrund zu erkennen. Man findet erwartungsgemäß einen winzigen Wirkungsquerschnitt von 10^{-43} bis 10^{-44} cm^2 (je nach der Neutrinoenergie). Das bedeutet, daß ein Neutrino aus einem Reaktor beim Durchqueren der Erdkugel nur die Wahrscheinlichkeit 10^{-10} hätte absorbiert zu werden.

Masse des Neutrinos Falls das Neutrino masselos ist, geht das Energiespektrum der Elektronen im β-Zerfall bis zu dem höchsten durch die Massendifferenz der Anfangs- und Endkerne gegebenen Wert. Falls das Neutrino eine endliche Ruhemasse m_ν hat, geht das Energiespektrum nur bis zu dem um den Betrag $m_\nu c^2$ verminderten Wert, da man ja die Ruhemasse des Neutrinos erzeugen muß. Alle Messungen sind bis jetzt mit Ruhemasse $m_\nu = 0$ der Neutrinos verträglich. Die empfindlichste obere Grenze für die ν_e-Masse kommt durch Vermessung des H^3-β-Spektrums.

2 Elektromagnetische Wechselwirkung

2.1 Elastische Streuung

Fliegt ein elektrisch geladenes Teilchen an einer anderen Ladung vorbei, so erfährt es eine Coulomb-Kraft und wird um einen Winkel θ aus seiner geraden Bahn abgelenkt. Dies nennt man elastische Coulomb-Streuung. Eine berühmte Anwendung stammt von Lord Rutherford, der 1911 aus Streuexperimenten mit α-Teilchen auf die Existenz des Atomkerns schloß, und diesen einfachen Spezialfall der Streuung eines Teilchens ohne Spin an einem starren Streuzentrum nennt man Rutherfordstreuung.

Die Streuwahrscheinlichkeit wird durch den Wirkungsquerschnitt ausgedrückt. Zur Definition des Wirkungsquerschnitts betrachte man ein Teilchen, das auf ein streuendes Medium fällt. Das Streumedium sei charakterisiert durch eine Zahl von n Streuzentren/Volumen, und habe die Dicke ℓ (s. Fig. 2.1) entlang der Teilchentrajektorie, so daß man n · ℓ Streuzentren/Fläche hat. Die Wahrscheinlichkeit ΔW, daß das Teilchen um den Winkel θ in das Raumwinkelelement $\Delta\Omega = \sin\theta\Delta\theta\Delta\phi$ gestreut wird, ist für hinreichend kleine Werte von n · ℓ:

$$\Delta W = n \cdot \ell \cdot \frac{d\sigma}{d\Omega} \cdot \Delta\Omega. \quad (2.1)$$

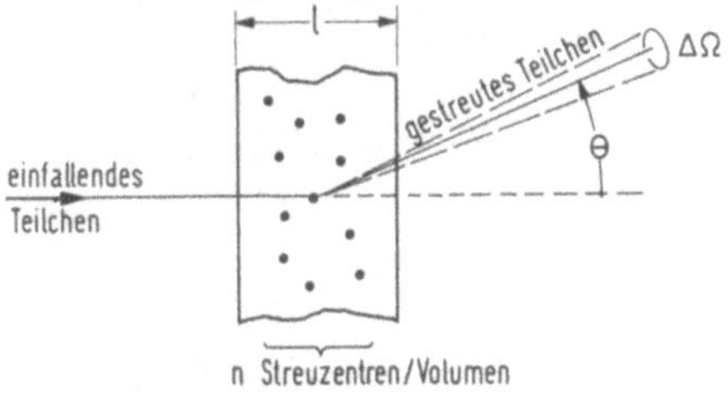

Fig. 2.1
Zur Definition des differentiellen Streuwirkungsquerschnitts (s. Text)

Man nennt $d\sigma/d\Omega$ den differentiellen Streu-Wirkungsquerschnitt. Er hat die Dimension [Fläche]. Durch Integration über den Raumwinkel Ω erhält man den totalen elastischen Streuquerschnitt.

2 Elektromagnetische Wechselwirkung

Zur Beschreibung der Teilchenbewegung müssen in der Hochenergiephysik die kinematischen Gesetze der speziellen Relativitätstheorie angewandt werden. Die wichtigsten Beziehungen sind

$$E^2 = p^2 c^2 + m^2 c^4 \tag{2.2}$$

E = Gesamtenergie
p = Impuls
m = Ruhemasse
E = $E_k + mc^2$

E = kinetische Energie (E_k) + Ruhenergie (mc^2) (2.3)

$$E = \gamma mc^2 \tag{2.4}$$

$$p = \gamma \beta mc \tag{2.5}$$

wobei: $\gamma = \dfrac{1}{\sqrt{1-\beta^2}}$

β = v/c
v = Geschwindigkeit des Teilchens, c = Lichtgeschwindigkeit

Oft versucht man, die lästigen Potenzen von c aus den Formeln zu entfernen. Die Geschwindigkeit wird dann in Einheiten der Lichtgeschwindigkeit gemessen, statt cp schreibt man p, statt mc^2 schreibt man m. Damit mißt man E, p und m in Energieeinheiten (z. B. MeV), und Gl. (2.2) schreibt sich vereinfacht

$$E^2 = p^2 + m^2.$$

Dies entspricht der Setzung c = 1. Will man zu einer konventionellen Schreibweise zurückkehren, muß man die fehlenden Potenzen von c durch Dimensionsbetrachtungen wiederherstellen.

Der Wirkungsquerschnitt für die Streuung eines punktförmigen Teilchens der Ladung ze ohne Spin an einem starren punktförmigen Streuzentrum der Ladung Ze ist

$$\frac{d\sigma}{d\Omega} = \frac{z^2 Z^2 (e^2/4\pi\epsilon_0)^2}{4 p^2 c^2 \beta^2 \sin^4 \theta/2} \quad \text{(Rutherfordsche Streuformel)}. \tag{2.6}$$

Gl. (2.6) ist der einfachste Fall. Falls die Teilchen Spin haben und die endliche Masse des Streuzentrums berücksichtigt werden muß, wird Gl. (2.6) um Spin- und Rückstoßterme erweitert. Für den Gebrauch der Formeln ist es nützlich, sich zu merken, daß[1]):

$$\alpha = e^2/4\pi\epsilon_0 \hbar c = 1/137{,}036$$

$$r_e = \frac{e^2}{4\pi\epsilon_0 \cdot m_e c^2} = 2{,}8179 \cdot 10^{-13} \text{ cm}, \tag{2.7}$$

α = Feinstrukturkonstante, r_e = klassischer Elektronenradius.

---

[1]) Im Gaußschen Maßsystem ersetze man $e^2/4\pi\epsilon_0 \to e^2$.

Die Herleitung der Gl. (2.6) kann mit Hilfe der Bornschen Näherung erfolgen. Sie kann auch mit der Methode der Feynman-Diagramme abgeleitet werden. Dabei wird der Elektronenspin automatisch berücksichtigt (s. Abschn. 1.3). Auch eine Herleitung mit den Mitteln der klassischen Physik ist möglich. Man verfährt entsprechend der Lösung der Bahngleichung einer Masse im Gravitationsfeld einer anderen Masse und erhält für $v \ll c$ dasselbe Resultat wie die Bornsche Näherung.

2.2 Energieverlust durch Ionisation

Man betrachtet die Wirkung, die ein schnelles ($v \gg v_u$, v_u = Umlaufgeschwindigkeit eines Atomelektrons), schweres (Masse $\gg m_e$, m_e = Elektronmasse) Teilchen beim Durchqueren von Materie auf die Atom-Elektronen ausübt. Vernachlässigt man zunächst die Bindungsenergie der Elektronen im Atom, so wird die Wirkung durch die Rutherfordsche Streuformel Gl. (2.6) beschrieben, wenn man ein mitbewegtes Koordinatensystem zugrunde legt, in dem das Teilchen ruht. In diesem Koordinatensystem fliegen die Atome der Materie mit der Geschwindigkeit v an dem Teilchen vorüber. Die Atomelektronen werden infolge ihrer Ladung an dem Teilchen abgelenkt mit einer Wahrscheinlichkeit, die durch die Gl. (2.1) und (2.6) gegeben ist. (Die Atomkerne werden natürlich auch abgelenkt, für den Energieverlust tragen diese Stöße aber nicht bei, s. weiter unten.)

Nach der Streuung eines Atomelektrons an dem Teilchen möge das Elektron, das ja vor dem Stoß ruhte, die kinetische Rückstoßenergie E_k haben. Die Wahrscheinlichkeit hierfür gibt die Rutherfordsche Streuformel Gl. (2.6) an. Eine andere anschauliche Herleitung ist die folgende (nach [Ro 52]): Man berechnet die Wahrscheinlichkeit $\Phi(E')\Delta X \Delta E'$ dafür, daß das in Fig. 2.2 gezeigte schwere ionisierende Teilchen der Ladung ze und der Energie $E = \gamma mc^2$ beim Durchqueren der Schichtdicke ΔX ein Anstoßelektron mit einer kinetischen Energie zwischen E' und $E' + \Delta E'$ macht.

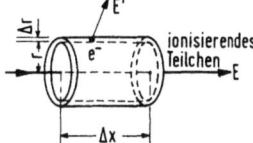

Fig. 2.2
Zur Übertragung von Energie von einem schnellen Teilchen auf Atomelektronen (s. Text)

Ist r der Stoßparameter (= senkrechter Abstand des Elektrons von der Bahn des ionisierenden Teilchens), so ist im klassischen Bild die Kraft zwischen den beiden Teilchen

$$F = \frac{ze^2}{4\pi\epsilon_0 r^2}$$

und der auf das Elektron übertragene Impuls

$$p = \int F dt = \bar{F} \cdot \bar{t},$$

wobei $\bar{F}$ die mittlere Kraft und $\bar{t}$ die mittlere Stoßzeit ist.

2 Elektromagnetische Wechselwirkung

Man hat näherungsweise

$$\bar{F} \approx \frac{ze^2}{r^2 \cdot 4\pi^2 \epsilon_0} \quad \text{und} \quad \bar{t} \approx \frac{\pi r}{v} = \frac{\pi r}{\beta c}.$$

Falls $v \approx c$, ergeben die dann anzuwendenden Gesetze der speziellen Relativitätstheorie, daß die Coulombkraft F um den Faktor γ größer wird, der Stoßweg um den Faktor γ verkürzt erscheint (Längenkontraktion), so daß man erhält

$$p \cong \frac{ze^2 \cdot \gamma}{4\pi\epsilon_0 r^2} \cdot \frac{r}{\gamma\beta c} = \frac{ze^2}{4\pi\epsilon_0 r \beta c}. \quad V = \beta c$$

Damit ist die kinetische Energie des Elektrons

$$E' \approx \frac{p^2}{2m_e} \cong \frac{z^2 e^4}{32\pi^2 \epsilon_0^2 \beta^2 c^2 r^2 m_e} \tag{2.8}$$

Die Wahrscheinlichkeit, ein Elektron mit einem Stoßparameter zwischen r und r + Δr zu treffen, ist (s. Fig. 2.2)

$$\Delta W = W(r) \cdot \Delta x \cdot \Delta r = 2\pi r \cdot \Delta r \cdot \frac{NZ\rho}{A} \cdot \Delta x.$$

ρ = Dichte, N = Avogadrosche Zahl, Z = Kernladungszahl, A = Massenzahl der Atome der durchquerten Materie. Drückt man r in E' aus mit Hilfe von Gl. (2.8), so wird

$$r^2 = \frac{z^2 e^4}{32\pi^2 \epsilon_0^2 m_e \beta^2 c^2 E'}$$

und

$$rdr = \frac{z^2 e^4}{64\pi^2 \epsilon_0^2 m_e \beta^2 c^2} \cdot \frac{dE'}{E'^2}.$$

Setzt man dies in die Formel für ΔW ein, so geht ΔW über in die Formel für die Stoßwahrscheinlichkeit:

$$\Phi(E')dE'dx \approx \frac{\pi z^2 e^4}{32\pi^2 \epsilon_0^2 m_e \beta^2 c^2} \cdot \frac{NZ}{A} \cdot \frac{dE'}{E'^2} \cdot \rho dx.$$

Man sieht, daß bei dieser Formel die Elektronenmasse m_e im Nenner steht – dies wegen Gl. (2.8). Hieraus folgt, daß man den Beitrag der Atomkerne zum Energieverlust durch Ionisation vernachlässigen kann, weil für sie die Stoßwahrscheinlichkeit um den Faktor m_{Kern}/m_e kleiner ist. Eine genaue Rechnung liefert, unter Verwendung von Gl. (2.7)

$$\phi(E')dE'dx = \frac{2\pi NZ}{A} r_e^2 \cdot \frac{z^2 m_e c^2}{\beta^2} \cdot \frac{dE'}{E'^2} \cdot \rho dx \tag{2.9}$$

mit der nützlichen numerischen Beziehung

$$\frac{2\pi NZ}{A} \cdot r_e^2 = 0{,}30 \frac{Z}{A} \ [g^{-1} \ cm^2].$$

Durch Integration über die an die Anstoßelektronen übertragene Energie ergibt sich der gesamte Energieverlust eines geladenen Teilchens beim Durchgang durch Materie durch Ionisation pro Längeneinheit:

$$-\frac{dE}{dx} = \int_{E'_{min}}^{E'_{max}} E' \Phi(E') dE' = \frac{2\pi NZ \cdot \rho}{A} r_e^2 \frac{m_e c^2 z^2}{\beta^2} \int_{E'_{min}}^{E'_{max}} E' \cdot \frac{dE'}{E'^2}. \quad (2.10)$$

Die untere Grenze des Integrals E'_{min} ist näherungsweise durch die Ionisationsenergie gegeben. Eine genauere Rechnung muß auch die Bindungsenergie des Elektrons berücksichtigen. Die obere Grenze des Integrals E'_{max} ist gegeben durch die maximale, nach den Stoßgesetzen an ein Elektron übertragbare Energie, die von E abhängt. Man erhält schließlich

$$-\frac{dE}{dx} \cong \frac{4\pi NZ \cdot \rho}{A} r_e^2 \frac{m_e c^2 z^2}{\beta^2} \cdot \left[\ln\left(\frac{2m_e c^2 \beta^2 \gamma^2}{I}\right) - \beta^2 \right], \quad (2.11)$$

I = mittleres Ionisationspotential, näherungsweise $I(Z) \approx 13{,}5$ eV $\cdot Z$.
Der Ionisationsverlust hängt nur von β, also von p/m bzw. E/m ab. Für nicht zu kleine Werte der Geschwindigkeit des ionisierenden Teilchens ($\beta \ll 1$, aber $\beta > v_u/c$) ist der Energieverlust/Längeneinheit verhältnismäßig groß, er fällt mit wachsendem β etwa wie $1/\beta^2$, geht durch ein Minimum und wächst für $v \to c$ wegen des logarithmischen Terms langsam wieder an. Für sehr kleine Werte von $\beta \ll v_u/c$ geht er gegen null.

Gl. (2.11) gilt für den Ionisationsverlust in Gasen. In festen Körpern begrenzt der „Dichteeffekt" (Polarisation des Mediums) den logarithmischen Wiederanstieg des Ionisationsverlusts und führt zu einem energieunabhängigen Wert von $-dE/dx$ für große Werte der Teilchenenergie (Plateau). Fig. 2.3 zeigt den Verlauf des Ionisationsverlusts an einigen Beispielen.

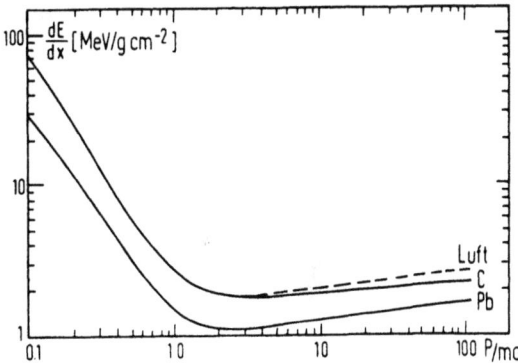

Fig. 2.3
Mittlerer Energieverlust dE/dx durch Ionisation schwerer Teilchen, wobei die Dicke x in g cm^{-2} gemessen wird: $x = \rho \ell$, ρ = Dichte, ℓ = durchquerte Länge, P = Impuls, m = Masse des schnellen schweren Teilchens. Gezeichnet ist die Abhängigkeit etwa nach Gl. (2.11) in Luft. In schweren Materialien (C, Pb) weicht die Kurve etwas von Gl. (2.11) ab. (s. Text)

2.3 Vielfachstreuung

Ein geladenes Teilchen erfährt beim Durchgang durch Materie Ablenkungen von seiner geraden Bahnspur, hervorgerufen durch die Rutherfordstreuung an den Kernen und den Elektronen der Atome. Nach Gl. (2.6) ist der Streuwirkungsquerschnitt an einem

28 2 Elektromagnetische Wechselwirkung

Kern mit Ladung Z proportional zu Z^2, derjenige an den Z Hüllenelektronen mit Ladung 1 proportional zu Z. Der Beitrag durch die Streuung an den Atomkernen überwiegt also umso mehr, je schwerer das Element ist.

Ein einfacher, aber wichtiger Fall ist der, daß das Teilchen hohe Energie hat. Dann wird sich seine Bahn nur wenig von einer geraden Linie unterscheiden. Am einfachsten betrachtet man zunächst die Projektion der Bahnspur auf eine Ebene, die das Anfangsbahnstück enthält (Fig. 2.4). Positive und negative projizierte Ablenkwinkel θ_x kommen im Mittel gleich häufig vor, der Mittelwert ist aus Symmetriegründen $\langle \theta_x \rangle = 0$. Der resultierende projizierte Gesamtablenkwinkel θ_p setzt sich additiv aus den Einzelablenkwinkeln θ_x zusammen

$$\theta_p = \sum_{i=1}^{n} \theta_{xi}.$$

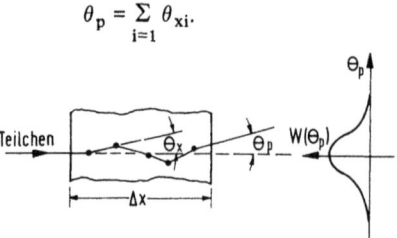

Fig. 2.4
Vielfachstreuung eines Teilchens in Materie: Es wird an den einzelnen Atom(kernen) (Punkte) jeweils um projizierte Winkel θ_x abgelenkt, der projizierte Gesamtablenkwinkel nach Durchqueren der Schichtdicke Δx ist θ_p, welcher angenähert eine Gaußverteilung hat

Für eine hinreichend große Zahl der Summanden n gilt der zentrale Grenzwertsatz, der sagt, daß die Verteilung von θ_p einer Gaußverteilung mit Mittelwert 0 zustrebt. Die Varianz der Gaußverteilung ist gegeben durch

$$\sigma^2(\theta_p) = n \langle \theta_x^2 \rangle = \langle \theta_p^2 \rangle, \tag{2.12}$$

wobei $\langle \theta_x^2 \rangle$ der mittlere quadratische projizierte Ablenkwinkel ist.

Für eine Ablenkung θ_y, projiziert in eine dazu senkrechte Ebene, gilt Gl. (2.12) sinngemäß. Für den räumlichen Winkel θ gilt (für kleine Winkel)

$$\theta^2 \cong \theta_x^2 + \theta_y^2,$$

also $\quad \langle \theta^2 \rangle = 2 \langle \theta_x^2 \rangle.$ \hfill (2.13)

Nun ist die Wahrscheinlichkeit $\Phi(\theta)d\theta$ einer Einzelablenkung um einen Winkel zwischen θ und $\theta + d\theta$ beim Durchqueren der Schichtdicke dx nach Gl. (2.1)

$$\Phi(\theta) dx d\theta = \frac{N}{A} \rho \cdot dx \cdot \frac{d\sigma}{d\Omega} \cdot 2\pi \sin \theta d\theta,$$

und mit Gl. (2.6) und der Näherung $\sin \theta \approx \theta$ wegen $\theta \ll 1$ ist

$$\Phi(\theta) dx d\theta = \frac{N}{A} \cdot \rho \cdot dx \cdot \frac{z^2 Z(Z+1) e^4 d\theta}{2\pi \epsilon_0^2 c^2 p^2 \beta^2 \cdot \theta^3}. \tag{2.14}$$

Hierbei ist Z^2 der Anteil des Kerns und $Z \cdot 1$ der Anteil der Z Atomelektronen an der Streuung.

2.3 Vielfachstreuung

Der mittlere quadratische Streuwinkel ist nach Gl. (2.6) bzw. (2.14)

$$\langle\theta^2\rangle = \frac{\int_{\theta_{min}}^{\theta_{max}} \theta^2 \frac{d\theta}{\theta^3}}{\int_{\theta_{min}}^{\theta_{max}} \frac{d\theta}{\theta^3}}. \tag{2.15}$$

Die obere Grenze des Integrals ist durch den größten Winkel bestimmt, der in dem betrachteten Längenintervall $x = \int dx$ noch mit nennenswerter Häufigkeit vorkommt. Ganz kleine Streuwinkel kommen nicht vor, weil die Hüllenelektronen für kleine Streuwinkel, große Stoßparameter das Kernfeld abschirmen, so daß das Integral nur bis zu einem kleinsten Streuwinkel θ_{min} zu nehmen ist.
Der mittlere räumliche Ablenkwinkel θ_s, der durch Vielfachstreuung beim Durchqueren einer Materialschicht der Dicke x zustande kommt, hat analog zu Gl. (2.12) eine Varianz

$$\sigma^2(\theta_s) = \langle\theta_s^2\rangle = n\langle\theta^2\rangle, \tag{2.16}$$

wobei n die Zahl der Winkelablenkungen zwischen θ_{min} und θ_{max} über die Länge x ist. Nach Gl. (2.14) ist

$$n = x \int_{\theta_{min}}^{\theta_{max}} \phi(\theta)d\theta = \frac{N}{A}\rho \cdot x \cdot z^2 \cdot \frac{Z(Z+1)e^4}{2\pi\epsilon_0^2(cp\beta)^2} \int_{\theta_{min}}^{\theta_{max}} \frac{d\theta}{\theta^3}. \tag{2.17}$$

Setzt man Gl. (2.17) und (2.15) in Gl. (2.16) ein und rechnet man noch $\theta_{max}/\theta_{min}$ nach dem Thomas-Fermi-Atommodell aus, so erhält man

$$\langle\theta_s^2\rangle \cong z^2 \left(\frac{E_s}{cp\beta}\right)^2 \cdot \frac{\rho x}{X_0} \tag{2.18}$$

mit $E_s = m_e c^2 \cdot \sqrt{4\pi/\alpha} = 21.2$ MeV,

$$\frac{1}{X_0} = \frac{4\alpha N}{A} \cdot Z(Z+1)r_e^2 \ln(183\, Z^{-1/3}),$$

X_0 heißt Strahlungslänge (s. Tab. 2.1), hier in g/cm².
Für den projizierten mittleren Vielfachstreuwinkel θ_p erhält man nach Gl. (2.12) und (2.13)

$$\langle\theta_p^2\rangle = \sigma_p^2 = \frac{1}{2}\langle\theta_s^2\rangle$$

$$= \frac{1}{2}z^2\left(\frac{E_s}{p\beta c}\right)^2 \cdot \frac{x\rho}{X_0}\left(1 + 0{,}048 \ln\left(\frac{x\rho}{X_0}\right)\right)^2 \tag{2.19}$$

wobei die zweite Klammer eine pauschale Korrektur auf einige Vernachlässigungen enthält [Pa 88].

2 Elektromagnetische Wechselwirkung

Tab. 2.1 Einige Materialkonstanten[4])

	X_0 in g/cm^2	X_0 in cm	E_k in MeV	Dichte in g/cm^3	$-\dfrac{dE}{dx}\bigg|_{min}$ in MeV/gcm^{-2}
H$_2$	61	865[1])	340	0,071[1])	4,1
C	42	~28	90	~2	1,8
Al	24	8,9	49	2,7	1,6
Fe	13,8	1,8	22	7,9	1,5
Cu	12,9	1,43	20	8,9	1,44
Pb	6,3	0,56	6,9	11,3	1,13
H$_2$O	36	36	80	1,0	2,0
NaJ	9,5	2,6	12,5	3,7	1,3
Pb-Glas[3])	~10,2	~2,55	~14	~4	~1,3
BGO[2])	7,9	1,12	9,5	7,1	1,2

[1]) flüssig
[2]) Bi$_4$(GeO$_3$)$_4$, ein Szintillator für γ-Spektroskopie
[3]) genaue Werte hängen vom Pb-Gehalt ab, die Werte gelten für etwa 55 Gewichts% PbO.
X_0 = Strahlungslänge, s. Gl. (2.18)
E_k = kritische Energie, s. Gl. (2.35).
$-\dfrac{dE}{dx}\bigg|_{min}$ = Ionisationsverlust/Längeneinheit eines Teilchens der Ladung 1 im Minimum der Ionisation s. Gl. (2.11)
Statt der Längeneinheit bei den Größen X_0 und $-\dfrac{dE}{dx}\bigg|_{min}$ wird oft die Größe $(x\rho)$ benutzt, die Dimension ist dann statt cm: gcm^{-2}.
[4]) Weitere Zahlenwerte siehe [Pa 88]

Die Verteilungsfunktion von θ_p ist

$$W(\theta_p)d\theta_p = \frac{1}{\sigma_p \cdot \sqrt{2\pi}} \cdot e^{-\theta_p^2/2\sigma_p^2} d\theta_p. \tag{2.20}$$

Die Verteilungsfunktion des Vielfachstreuwinkels θ_s ist

$$W(\theta_s)d\theta_s = \frac{2}{\langle\theta_s^2\rangle} e^{-\theta_s^2/\langle\theta_s^2\rangle} \cdot \theta_s d\theta_s.$$

Die Gl. (2.18), (2.19) und (2.20) sind Näherungsformeln. Für eine genaue Betrachtung muß man beachten, daß die Streuwinkelverteilung keine genaue Gaußverteilung ist, sondern einen langen Schwanz hat, der von Großwinkel-Einzelstreuprozessen herrührt. Auch hängt E_s in Wirklichkeit schwach von p und von x ab (s. [Ri 61], [Ro 52], [Se 59], [Pa 88]).

2.4 Photo- und Comptoneffekt

Beim Photoeffekt wird ein Photon der Energie $k = h \cdot \nu$ von einem (gebundenen) Elektron absorbiert, wobei das Elektron aus dem Atom- oder Gitterverband herausgeschlagen wird. Die Berechnung des Prozesses ist verwickelt. Falls man nicht in der Nähe einer Absorptionskante ist, hat man für den Photo-Absorptions-Wirkungsquerschnitt eines Photons der Energie k (k $\gg$ Energie der Absorptionskante)

$$\sigma_{ph} \cong \sigma_0 \cdot 4\sqrt{2} \cdot Z^5 \cdot \alpha^4 \cdot \left(\frac{m_e c^2}{k}\right)^{7/2}, \quad (2.21)$$

falls $k \ll m_e c^2$

und $\quad \sigma_{ph} = \sigma_0 \cdot \dfrac{3}{2} \cdot Z^5 \alpha^4 \dfrac{m_e c^2}{k}, \quad (2.22)$

falls $k > m_e c^2$ mit $\sigma_0 = \dfrac{8\pi}{3} \cdot r_e^2$

Der Comptoneffekt ist die Streuung eines Photons an einem freien Elektron (Fig. 2.5). Die Elektronen in Materie sind zwar nicht frei, sondern gebunden, doch kann man für hohe Photonenergien die Bindungsenergie des Elektrons vernachlässigen, das Elektron im Anfangszustand als ruhend und frei und den ganzen Stoß als elastisch annehmen. Die Erhaltungssätze für Energie und Impuls lauten (s. Fig. 2.5)

$k + m_e c^2 = E' + k'$ Energie

$k/c = (k'/c) \cos \theta + p'_e \cos \theta_e$ Longitudinalimpuls

$0 = (k'/c) \sin \theta - p'_e \sin \theta_e$ Transversalimpuls,

wobei $\quad E'^2 = p'^2_e c^2 + m_e^2 c^4 \quad$ (s. Gl. (2.2)),

E', k' = Gesamtenergie des Elektrons, Photons nach dem Stoß;
k = Photonenergie vor dem Stoß;
$p'_e, k'/c$ Impuls von Elektron, Photon nach dem Stoß.
θ_e, θ Streuwinkel von Elektron, Photon.

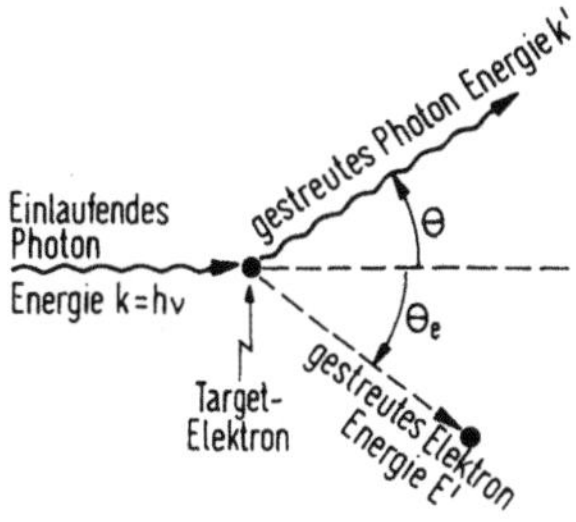

Fig. 2.5
Compton-Effekt: Elastische Streuung eines Photons an einem Elektron

Eliminiert man aus diesen Gleichungen E' und θ_e, so folgt für die Energie des gestreuten Photons als Funktion seines Streuwinkels θ:

$$k' = \frac{k}{1 + (k/m_e c^2) \cdot (1 - \cos \theta)}. \quad (2.23)$$

Für hohe Energien ($k \gg m_e c^2$) ist der totale Wirkungsquerschnitt

$$\sigma_T \approx \pi r_e^2 \frac{m_e c^2}{k} \left(\ln \frac{2k}{m_e c^2} + \frac{1}{2} \right) \quad (2.24)$$

Er fällt mit wachsender Energie. Für große Energien k tritt die Wahrscheinlichkeit für Comptonstreuung zurück und die Elektron-Positron-Paarerzeugung überwiegt.

2.5 Paarerzeugung

Falls die Energie eines Photons größer als $2m_e \cdot c^2$ ist, kann es im Feld eines Stoßpartners ein Elektron-Positronpaar erzeugen:

$$\gamma + A \rightarrow A + e^+ + e^-. \quad (2.25)$$

A ist irgendein geladenes Teilchen (z. B. ein Atomkern), auf welches Impuls (und ein bißchen Rückstoßenergie) übertragen wird. Dies ist nötig, weil sonst der Energie-Impulssatz nicht befriedigt werden kann. Um dies zu sehen, nimmt man an, die Reaktion wäre:

$$\gamma \rightarrow e^+ e^-.$$

Hierfür lautet der Energiesatz (k, E_1, E_2 = Energie von Photon, Elektron, Positron):

$$k = E_1 + E_2.$$

Impulssatz ($\vec{p}_1, \vec{p}_2$ = Impuls von Elektron, Positron):

$$\vec{k}/c = \vec{p}_1 + \vec{p}_2.$$

Elimination von k gibt

$$(E_1 + E_2)^2 = c^2 \cdot (\vec{p}_1 + \vec{p}_2)^2$$

Gl. (2.2) ergibt angewandt ($E_1^2 = c^2 p_1^2 + m_e^2 c^4$), ($E_2^2 = c^2 p_1^2 + m_e^2 c^4$), ($\vec{k}^2 = k^2$), nach einigen Umformungen:

$$m_e^2 c^4 = c^2 \vec{p}_1 \cdot \vec{p}_2 - E_1 E_2. \quad (2.26)$$

Wegen $E_1 = \sqrt{p_1^2 c^2 + m_e^2 c^4}$ ist $E_1 > c|\vec{p}_1|$, und deshalb ist die rechte Seite der Gl. (2.26) < 0, also hat man einen Widerspruch. Paarerzeugung ohne Stoßpartner ist also nicht möglich. Fig. 5.1 und 6.1 zeigen Beispiele von Elektron-Positron-Paarerzeugung. Der totale Wirkungsquerschnitt für Paarerzeugung steigt von Null an der Schwelle an und erreicht bei hohen Photonenergien ($E \gg 137 m_e \cdot c^2 \cdot Z^{-1/3}$) einen ungefähr konstanten Wert. In diesem Grenzfall wird die Gesamtwahrscheinlichkeit für Paarerzeugung $W_p(k) dx$ beim Durchqueren der Schichtdicke dx[1]):

$$W_p(k) dx \cong \frac{7}{9} \frac{dx}{X_0} \quad (2.27)$$

---

[1]) Häufig steht statt ρdx (ρ = Dichte) einfach dx. Die Schichtdicke dx wird dann in gcm^{-2} gemessen.

(X_0 = Strahlungslänge, s. Gl. (2.18) und Tab. 2.1).

Nach Durchqueren der Schichtdicke (9/7) X_0 hat also der Bruchteil $(1 - 1/e)$ der einfallenden γ-Quanten ein e^+e^--Paar gemacht (ohne Berücksichtigung von Photo- und Comptoneffekt).

2.6 Schwächung von γ-Strahlung in Materie

Die Schwächung von γ-Strahlung in Materie kommt durch die folgenden Reaktionen zustande: Paarerzeugung, Comptoneffekt und Photoeffekt. Bei kleinen Photonenergien überwiegen Photo- und Comptoneffekt, bei großen Energien (> einige MeV) die Paarerzeugung. Man kann die Absorption durch einen Schwächungskoeffizienten μ beschreiben[1]). Bezeichnet man die Schwächungskoeffizienten für Photoeffekt, Comptonstreuung und Paarerzeugung mit μ_F, μ_c und μ_p, so ist die Zahl der Photonen N(x), die nach Durchqueren der Schichtdicke x von der ursprünglichen Zahl N(0) noch übriggeblieben ist

$$N(x) = N(0) \cdot e^{-\mu x}, \tag{2.28}$$

wobei $\mu = \mu_F + \mu_c + \mu_p$. (2.29)

Fig. 2.6 zeigt den Verlauf von μ als Funktion der Photonenergie k für verschiedene Materialien. Er zeigt ein Minimum bei einer vom Material abhängigen Energie. Häufig gibt man statt μ den Massenschwächungskoeffizienten μ/ρ an (ρ = Dichte des Materials) und schreibt Gl. (2.28) dann:

$$N(x) = N(0) \cdot e^{-\mu/\rho \cdot (\rho x)} = N(0) \cdot \rho^{-(\mu/\rho) \cdot x'}.$$

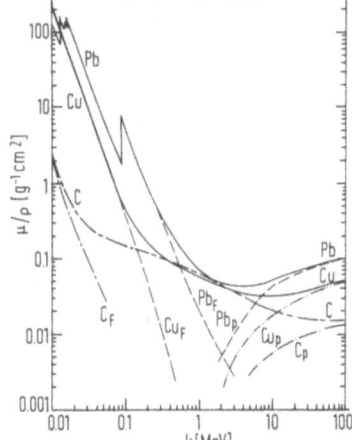

Fig. 2.6
Massenschwächungskoeffizient μ/ρ als Funktion der Photonenergie k für Blei, Kupfer und Kohlenstoff. Der Anteil des Schwächungskoeffizienten, der durch Photoeffekt bzw. Paarerzeugung verursacht wird, ist durch die mit dem Index F bzw. p bezeichneten Kurven gegeben (Daten aus [Hi 56], [Ri 58])

---

[1]) Ist σ ein totaler Wirkungsquerschnitt und n die Zahl der Streuzentren pro Volumen, so gilt $\mu = \sigma \cdot n$ mit Indizes F, c oder p, je nachdem, ob man Photoeffekt, Comptoneffekt oder Paarerzeugung meint.

Die Dimension von μ/ρ ist $cm^2 g^{-1}$, die Schichtdicke $x' = (\rho x)$ wird in g/cm^2 gemessen. Vor allem bei höheren Energien ($\gg 0{,}1$ MeV) ist zu beachten, daß bei Comptoneffekt und Paarerzeugung zwar das ursprüngliche Photon aus dem Strahl entfernt wird, jedoch in beiden Prozessen sekundäre Photonen kleinerer Energie entstehen: entweder als Compton-gestreutes Photon oder als Bremsstrahlungsphotonen, die aus der Bremsstrahlung der erzeugten Elektronen und Positronen stammen.

In allen außer den einfachsten Fällen muß der Photonfluß hinter einem Absorber also durch eine Monte-Carlo Rechnung bestimmt werden, die den obengenannten Sekundärprozessen Rechnung trägt.

2.7 Bremsstrahlung

Eine beschleunigte Ladung strahlt elektromagnetische Energie ab. Die Abstrahlung erfolgt in Form von Photonen (γ-Quanten). Das Elektron als das leichteste geladene Teilchen zeigt diesen Effekt, den man Bremsstrahlung nennt, weitaus am stärksten. Die Reaktion verläuft nach dem Schema

$$e^- + A \to A + e^- + \gamma \tag{2.30}$$

(A = irgendein Ladungszentrum, in der Praxis ein Atomkern).

Wie bei der Paarerzeugung kann auch die Bremsstrahlung nur im Feld eines geladenen Teilchens (meist ein Atomkern A) vor sich gehen, da sonst Energie- und Impulssatz nicht erfüllt werden können. Bei der Bremsstrahlung emittiert das einlaufende Elektron der Energie E ein Photon (γ) der Energie k; die Energie des Elektrons im Endzustand ist

$$E' = E - k,$$

wobei die sehr kleine Rückstoßenergie des Kerns vernachlässigt wurde. Die Formeln für Bremsstrahlung sind i. allg. verwickelt. Im Grenzfall hoher Elektronenenergie ($E \gg 137 m_e c^2 \cdot Z^{-1/3}$) erhält man eine einfache Näherungsformel: Die Wahrscheinlichkeit $\Phi(E, k) dx dk$, daß ein Elektron der Energie E beim Durchqueren der Schichtdicke dx ein Photon mit einer Energie zwischen k und k + dk emittiert, ist:

$$\Phi(E, k) dk dx \cong \frac{dx}{X_0} \cdot \frac{dk}{k} \cdot F(E, k) \quad \text{(s. Fig. 2.7)}. \tag{2.31}$$

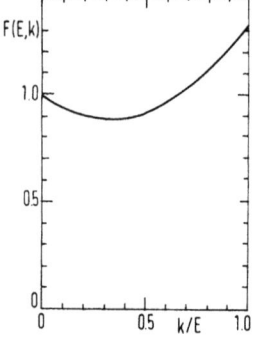

Fig. 2.7
Die Funktion $F(E, k)$ aus Gl. (2.31). E = Elektronenenergie, k = Energie des abgestrahlten Bremsstrahlungsquants. Für Überschlagsrechnungen ist $F(E, k) = 1$ eine nützliche Näherung

Der gesamte Energieverlust eines Elektrons beim Durchqueren der Schichtdicke dx ist somit im Mittel (da es seine Energie diskontinuierlich durch Abstrahlen weniger energiereicher Quanten verlieren kann):

$$-dE_{rad} = \frac{dx}{X_0} \int_{k=0}^{E} k \frac{dk}{k} F(E,k) \approx \frac{dx}{X_0} \cdot E, \qquad (2.32)$$

d. h., nach Durchqueren einer Strahlungslänge X_0 hat die ursprüngliche Energie des Elektrons im Mittel um den Faktor e abgenommen.

2.8 Annihilation

Elektron und Positron können sich gegenseitig vernichten (annihilieren), falls sie aufeinandertreffen. Die Vernichtung in ein einziges Photon ist aus Energie-Impulserhaltungsgründen nicht möglich[1]). Die einfachste und bei weitem häufigste Reaktion ist die Vernichtung in zwei γ-Quanten:

$$e^+ + e^- \to \gamma + \gamma. \qquad (2.33)$$

Der totale Wirkungsquerschnitt für Annihilation ist für $E_L \gg m_e c^2$:

$$\sigma_T \cong \pi r_e^2 \frac{m_e c^2}{E_L} \left(\ln \frac{2E_L}{m_e c^2} - 1 \right) \qquad (2.34)$$

Hierbei ist E_L die Energie des Positrons im Laborsystem, in dem das Elektron ruht. Der Wirkungsquerschnitt ist klein und sinkt mit steigender Energie. Viele Positronen entkommen überhaupt der Annihilation im Flug und werden in Materie bis praktisch zur Ruhe abgebremst. Dann bilden sie mit einem Elektron einen gebundenen Zustand, den man Positronium nennt. Dies wird in Abschn. 8.2 näher besprochen.

2.9 Elektromagnetische Schauer

Ein Elektron hoher Energie verliert dieselbe beim Durchgang durch Materie vor allem durch Bremsstrahlung. Die γ-Quanten aus der Bremsstrahlung werden in Materie bei hoher Energie hauptsächlich durch Bildung von Elektron-Positronpaaren absorbiert. Die paarerzeugten Elektronen und Positronen bilden durch Bremsstrahlung weitere Photonen. Auf diese Weise kommt es zu einem kaskadenartigen Anwachsen der Zahl der Elektronen, Positronen und Photonen (s. Fig. 2.8). Man nennt dies einen Schauer. Er stirbt erst aus, wenn die Energie der Schauerteilchen (Elektronen, Positronen, Photonen) genügend klein geworden ist, so daß weitere Paarerzeugung und Erzeugung hochenergetischer Bremsstrahlung unterbleibt.

---

[1]) Ausnahme: Annihilation im Feld eines dritten geladenen Teilchens.

Diese vereinfachte Darstellung vernachlässigt Compton- und Photoeffekt der Photonen und den Ionisationsverlust der Elektronen, die natürlich für eine genaue Berechnung des Schauers auch berücksichtigt werden müssen.
Offensichtlich kann ein Schauer von einem Elektron oder Photon ausgelöst werden.

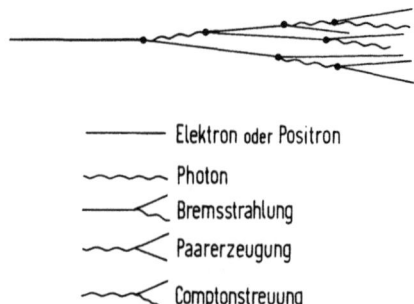

Fig. 2.8
Schematische Darstellung der Entwicklung eines elektromagnetischen Schauers. Er wird in dem Beispiel durch ein Elektron bzw. Positron ausgelöst, welches von links kommt. Man erkennt, wie es durch Bremsstrahlung, Paarerzeugung und Comptonstreuung (zunächst) zu einem Anwachsen der Zahl von Elektronen, Positronen und Photonen kommt

Einen qualitativen Überblick über die Entwicklung eines Schauers gibt das folgende sehr grobe Modell: Ein Elektron der Energie E_0 erzeugt beim Durchqueren der Schichtdicke X_0 (Strahlungslänge) im Mittel ein Photon mit einer Energie k zwischen E_0 und E_0/e (s. Gl. (2.31)). In der nächsten Strahlungslänge erzeugt das Elektron ein weiteres Photon, das ursprüngliche Photon erzeugt mit großer Wahrscheinlichkeit ($\approx 1/2$) ein Elektron und ein Positron durch Paarbildung, so daß man nach der zweiten Strahlungslänge im Mittel insgesamt vier Teilchen, je mit der mittleren Energie $E_0/4$, vorfindet. Man sieht so, daß sich nach jeder Strahlungslänge die Zahl der Schauerteilchen etwa verdoppelt, und daß es ungefähr gleich viele Elektronen (Positronen) und Photonen gibt, unabhängig davon, ob der Schauer von einem Elektron oder Photon gestartet wurde. Die Gesamtzahl der Teilchen (Elektronen und Positronen und Photonen) in der Tiefe x ist also

$$N \sim 2^{x/X_0}.$$

Ihre mittlere Energie ist natürlich

$$\langle E \rangle = E_0/N = E_0 \cdot 2^{-x/X_0}.$$

Die mittlere Energie sinkt also rasch, bis sie so klein geworden ist, daß eine weitere Vermehrung nicht mehr möglich ist, weil dann andere Prozesse gegenüber Bremsstrahlung und Paarerzeugung dominieren – vor allem der Energieverlust der Elektronen durch Ionisation. Sobald dieser den Energieverlust durch Bremsstrahlung überwiegt, werden die Elektronen schnell durch Ionisationsverlust abgebremst und der Schauer kommt zum Erliegen.

Die Energie, bei der der Energieverlust durch Ionisation und durch Bremsstrahlung gleich groß ist, heißt kritische Energie E_k. Sie ist berechenbar durch Gl. (2.11, 2.32):

$$-\frac{dE}{dx}\bigg|_{Ionis.} = -\frac{dE}{dx}\bigg|_{Brems.} \approx \frac{E_k}{X_0} \approx \frac{550 \text{ MeV}}{Z}. \tag{2.35}$$

Ein Schauer erreicht sein Maximum in der Zahl der Teilchen, wenn die mittlere Energie der Teilchen etwa den Wert E_k erreicht hat (Werte für E_k, s. Tab. 2.1).
Die Zahl der Teilchen im Maximum ist also etwa

$$N_{max} \sim E_0/E_k.$$

Das Schauermaximum befindet sich etwa in einer Tiefe

$$x_{max} \sim X_0 \lg_2 (E_0/E_k).$$

Eine etwas genauere Rechnung liefert für die Tiefe des Schauermaximums

$$x_{max} = X_0 (\ln (E_0/E_k) - t), \tag{2.36}$$

und für die Zahl der geladenen Teilchen (Elektronen + Positronen) im Schauermaximum erhält man angenähert:

$$N_{max} \approx \frac{0{,}31}{(\ln (E_0/E_k) - t/3)^{1/2}} \cdot \frac{E_0}{E_k},$$

wobei $t = 1{,}1$ bzw. $t = 0{,}5$, falls der Schauer von einem Elektron bzw. Photon ausgelöst wurde. Heutzutage werden Schauer meistens mit Monte-Carlo-Programmen berechnet.
Fig. 2.9 zeigt Beispiele für die Entwicklung von Kaskadenschauern.
L i t e r a t u r : [Mü 72], [Ba 70], [Ro 52].

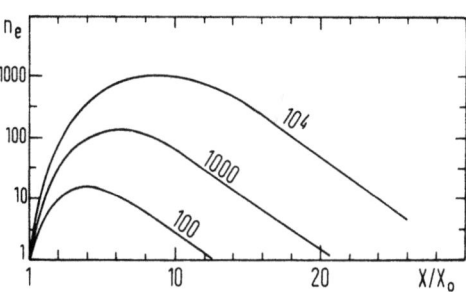

Fig. 2.9
Mittlere Zahl von geladenen Teilchen n_e (Elektronen + Positronen) in einem elektromagnetischen Schauer als Funktion der Schauertiefe X (= Entfernung vom Schauerursprung). X_0 = Strahlungslänge, die Parameter an den Kurven sind E_0/E_k ([Ro 52], [Se 59])

3 Experimentelle Hilfsmittel

3.1 Szintillationszähler

Fig. 3.1 zeigt eine Prinzip-Skizze für den Einsatz eines Szintillationszählers.
Ein geladenes Teilchen durchquert den Szintillator Sz. Die Ionisationsenergie des Teilchens wird im Szintillator teilweise in Licht umgesetzt. In organischen Szintillatoren liegt dieses im UV, so daß man Zusätze braucht (Wellenlängenschieber), die das Spektrum

ins Sichtbare verschieben, wo der Szintillator eine hohe Transparenz hat. Man unterscheidet organische und anorganische Szintillatoren, Tab. 3.1 zeigt einige charakteristische Daten.

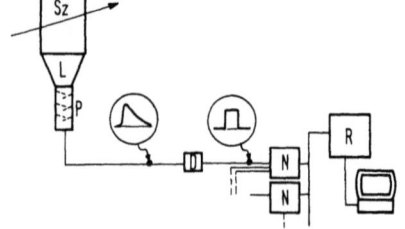

Fig. 3.1
Szintillationszähler: Sz = Szintillator, L = = Lichtleiter, P = Photomultiplier, D = Diskriminator, N = Koinzidenz- und andere Logik-Schaltkreise, R = Rechner mit Koppelelektronik. Ebenfalls gezeigt ist die Pulsform hinter dem Photomultiplier und hinter dem Diskriminator

Tab. 3.1 Eigenschaften von Szintillatoren

	Organische Sz.	Anorganische Sz.	
		NaI (Tl)	BGO[1])
Dichte in g/cm^3	~ 1	3,7	7,1
X_0 in cm	~44	2,6	1,12
Pulshöhe (normiert)	~ 0,25	1	~ 0,08
Abklingzeit in ns	2 bis 50	200	300
$dE/dx|_{min}$ in MeV/g cm^{-2}	2,0	1,3	1,2

[1]) $Bi_4(GeO_3)_4$, X_0 = Strahlungslänge,
$dE/dx|_{min}$ = Energieverlust im Minimum der Ionisation

Organische Szintillatoren werden eingesetzt, wenn es auf hohe Zeitauflösung und/oder niedrige Kosten ankommt. Spezielle Verfahren erlauben mit solchen Szintillatoren Zeitmessungen mit einer Auflösung von 0,2 ns. Eine Anwendung ist die Geschwindigkeitsmessung von Teilchen über ihre Flugzeit. Anorganische Szintillatoren sind im Vergleich zu organischen teuer und langsam. Wegen ihrer hohen Dichte eignen sie sich zur Energiebestimmung von Elektronen und Photonen, und zum Einsatz in Schauerzählern.

BGO ist für Anwendungen in der Hochenergiephysik wegen der hohen Dichte und der großen mit ihm erreichbaren Energiemeßgenauigkeit interessant; es ist aber sehr teuer.

Das Licht des Szintillators muß auf die Photokathode des Photomultipliers („Photoröhre") übertragen werden. Dazu dient ein Lichtleiter L. Er soll den Querschnitt des Szintillators dem Querschnitt der Photokathode anpassen, mit möglichst sanften Übergängen, da die Lichtleitung im Idealfall durch Totalreflexion erfolgen sollte. Der Lichtleiter soll nicht szintillieren. Plexiglas ist ein gebräuchliches Material. In schwierigen geometrischen Verhältnissen muß man manchmal das Licht des Szintillators zunächst in ein Wellenlängenschieber-Material streuen lassen, welches das reemittierte Licht zum Lichtleiter transportiert.

An der Photokathode des Photomultipliers P erzeugen die Lichtquanten über Photoeffekt Elektronen. Quantenausbeuten von bis zu 25% sind möglich. Die Elektronen laufen durch einen angeschlossenen Sekundärelektronen-Vervielfacher. Verstärkungsfaktoren von etwa $5 \cdot 10^7$ bis 10^8 sind üblich. Am Ausgang des Photomultipliers ist der

Lichtpuls in einen elektrischen Puls umgesetzt. Die Anstiegszeit des Pulses kann etwa 2 ns betragen, die Laufzeit durch den Multiplier etwa 40 ns.

Die elektrischen Pulse werden weiterverarbeitet. Ein Diskriminator D akzeptiert Pulse einer bestimmten Mindesthöhe und verwandelt sie in Normimpulse (s. Fig. 3.1). Die Normimpulse gehen meist in ein logisches Netzwerk, in dem zusammen mit den Pulsen anderer Zähler Koinzidenz-, Trigger- u. a. Signale erzeugt werden. Über eine Schnittstelle (z. B. CAMAC) gehen die Signale zuletzt in einen Rechner, der sie kontrolliert und speichert (Platte oder Band).

Die Höhe der Ausgangspulse des Multipliers ist proportional dem Energieverlust durch Ionisation, den das geladene Teilchen beim Durchgang durch den Szintillator erfährt[1]). Stoppt das Teilchen im Szintillator, so kann man seine kinetische Energie über die Pulshöhe messen. Anorganische Szintillatoren eignen sich besonders gut hierfür. Dies ist auch die Domäne der Festkörperzähler, auf die wir hier aber nicht weiter eingehen.

Teilchen hoher Energie werden den Szintillator durchqueren. Die Pulshöhe ist dann proportional $- dE/dx$ (s. Gl. (2.11)). Sie hängt von der Ladung und der Geschwindigkeit des Teilchens ab. Da die Energieabgabe des Teilchens an den Szintillator in vielen kleinen Ionisationsakten erfolgt, könnte man meinen, daß wegen des zentralen Grenzwertsatzes die Verteilungsfunktion der Pulshöhe eine Gaußverteilung um einen Mittelwert bildet, wobei der Mittelwert durch den mittleren Energieverlust gegeben ist. In Wirklichkeit kommt aber manchmal eine vergleichsweise sehr große Energieübertragung auf ein Elektron vor, so daß die Verteilung der Pulshöhen einen Schwanz zu großen Werten hin hat (Landau-Verteilung, s. Fig. 3.2). Will man bei der Messung von dE/dx die

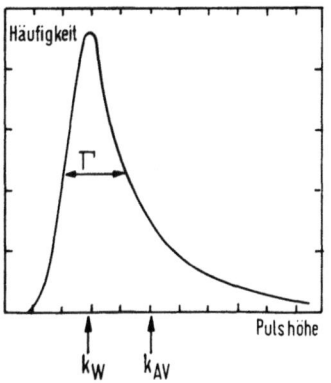
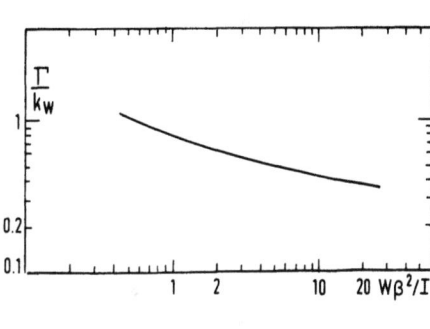

Fig. 3.2 a) Häufigkeitsverteilung der Pulshöhe in einem Szintillator (Landau-Verteilung). k_W = wahrscheinlichster Energieverlust, k_{AV} = mittlere Energieverlust, Γ = Breite der Verteilung auf halber Höhe
b) Breite Γ der Landau-Verteilung, normiert auf k_W, als Funktion der Variablen $W\beta^2/I$ wobei $W\beta^2 = 0{,}15$ MeV $\cdot$ Z $\cdot z^2 \cdot x/A$ (z = Ladung des Teilchens, x = Schichtdicke in g/cm^2), I = mittleres Ionisationspotential, s. Abschn. 2.2, nach Messungen von [Wa 79]. Weitere Literatur: [Ri 61], [Bl 50], [Ta 79]

---

[1]) Bei richtiger Auslegung des Zählers, Ausnahmen u. a. durch Sättigungseffekte bei hoher Ionisation.

durch den „Landauschwanz" bedingten großen Fluktuationen verringern, so muß man die Meßstrecke aufteilen und die Ionisation des Teilchens mehrmals in hintereinander liegenden Zählern messen und für die Mittelwertbildung nach irgendeinem Algorithmus die höchsten Meßwerte weglassen.

3.2 Proportional- und Driftkammern

Fig. 3.3 zeigt das Schema einer Proportionaldrahtkammer, in der heute gebräuchlichen Anordnung mit vielen parallelen Drähten. Sie ist mit einem Zählgas (z. B. He oder Argon mit gewissen Zusätzen) gefüllt. In der Mittelebene sind sehr dünne Drähte gespannt (gebräuchlicher Durchmesser $\sim$ 50 μ, Wolfram vergoldet), die gegen die Kammerwände positiv geladen sind (einige 1000 V). Ein geladenes Teilchen, welches die Kammer durchquert, ionisiert das Gas, wobei Elektronen-Ionenpaare entstehen (notwendige Energie: 40 eV/Paar in He, 26 eV/Paar in A — zum Vergleich: 3 eV/Paar in Festkörperzählern). In Gasen mit geringen Rekombinationsverlusten passiert folgendes:

Die Elektronen („Primärelektronen") driften zum positiv geladenen Zähldraht. In dem sehr hohen elektrischen Feld in der Nähe des dünnen Zähldrahtes können die Elektronen zwischen zwei Stößen mit Gasmolekülen erheblich Energie gewinnen, und wenn diese Energie größer ist als die Ionisationsenergie des Gases, können sie durch Stoß weitere Elektronen freisetzen. Es kommt so zu einem lawinenartigen Anwachsen der Elektronenzahl. Die Zahl von Sekundärelektronen pro Primärelektron heißt Gasverstärkung α. Durch geeignete Wahl der Spannung am Zählrohr kann man erreichen, daß α von der Zahl der Primärelektronen unabhängig ist (Proportionalbereich). Dort ist $\alpha = 10^4$ bis 10^6.

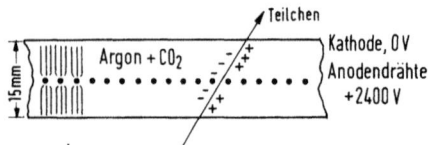

Fig. 3.3 Proportionaldrahtkammer. Für drei der Anodendrähte ist der Verlauf der elektrischen Feldlinien skizziert. Ein durchlaufendes geladenes Teilchen ionisiert das Zählgas. Die positiven Ionen wandern zur Kathode, die Elektronen, sofern sie nicht gefressen werden, wandern zu den Anodendrähten. Dort erfolgt in dem hohen lokalen elektrischen Feld Gasverstärkung

Um zu großflächigen Zählern zu gelangen, kann man viele Drähte parallel spannen wie gezeichnet und in einem gemeinsamen Gasraum zwischen Kathodenplatten unterbringen. Die Drähte wirken als unabhängige Zähler. Jeder Draht erhält seinen eigenen Verstärker plus Pulsformnetzwerk. Die Pulse können weiter verarbeitet werden wie Pulse von Szintillationszählern. Sie haben eine Anstiegszeit von ca. $\lesssim 1$ ns und eine Abklingzeit von etwa 30 ns.

Ausgelöst durch verschiedene Primärelektronen, können diese Pulse eine zeitliche Feinstruktur mit Nachpulsen haben.

3.2 Proportional- und Driftkammern

Man kann mit dieser Technik große Kammern bauen. Man nennt sie MPWC's (Multi-wireproportionalchamber) oder nach ihrem Erfinder Charpak-Kammern.

Driftkammern Zwischen dem Durchgang eines Teilchens durch eine Drahtkammer und dem Erscheinen eines Pulses an dem entsprechenden Draht der Kammer vergeht eine gewisse Zeit. Dies ist im wesentlichen die Zeit, welche die Elektronen brauchen, um von der Bahnspur des Teilchens bis in die Nähe des Zähldrahtes zu kommen. Diese Zeit ist also ein Maß für die Entfernung der Teilchentrajektorie vom Zähldraht. Mißt man die Zeit, so kann man die Teilchentrajektorie genauer festlegen. Dies ist das Prinzip der Driftkammer. Sie gestattet, mit relativ wenigen Signaldrähten in großem ($\gtrsim$ einige cm) Abstand auszukommen und außerdem eine hohe Ortsgenauigkeit bei der Messung zu erhalten. Bei typischen Elektronen-Driftgeschwindigkeiten von 0,05 mm/ns ist eine Meßgenauigkeit von etwa 0,2 mm erzielt worden. Dies setzt einen sorgfältigen Bau, sorgfältige Kalibrierung und den zusätzlichen Einbau von Drähten voraus, welche dem Feld einen möglichst günstigen Verlauf geben (s. Fig. 3.4). Fig. 3.5 zeigt die für eine Driftkammer benötigte Elektronik.

L i t e r a t u r : [Schm 80], [Bo 80].

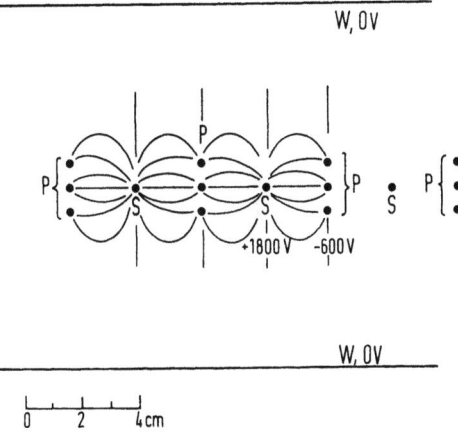

Fig. 3.4
Driftkammer. S = Signaldraht, Durchmesser 30 μ aus Wolfram vergoldet, P = Potentialdraht, Durchmesser 120 μ aus Mo vergoldet. Der Verlauf der elektrischen Feldlinien ist skizziert. W = Wand (Al). – Schematisch nach DESY-Bericht 80/27 (TASSO-Driftkammer)

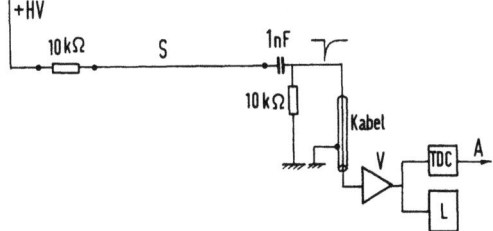

Fig. 3.5
Driftkammerelektronik – ein solcher Kanal wird benötigt für jeden Signaldraht. Der Signaldraht S wird über einen 1 nF Kondensator entkoppelt, die Pulse (Skizze) gehen in einen Verstärker V und danach in einen Zeit-Digitalumwandler (TDC), der die Ankunftszeit der Pulse relativ zu einem Triggersignal (nicht gezeichnet) digitalisiert. Außerdem können die Pulse in einer **Triggerlogik (L) weiterverarbeitet werden** (nach DESY-Bericht 80/27)

42   3 Experimentelle Hilfsmittel

3.3 Andere Spurdetektoren

Hierunter werden andere Verfahren zusammengefaßt, welche die Bahnspur eines Teilchens sichtbar machen. Das älteste Gerät, welches dies erlaubt, ist die Nebelkammer. Sie wird heute in der Hochenergiephysik nicht mehr benutzt. Bei der Nebelkammer bilden sich längs der Spur eines Teilchens Flüssigkeitströpfchen im unterkühlten Gas der Kammer und machen die Spur so sichtbar.

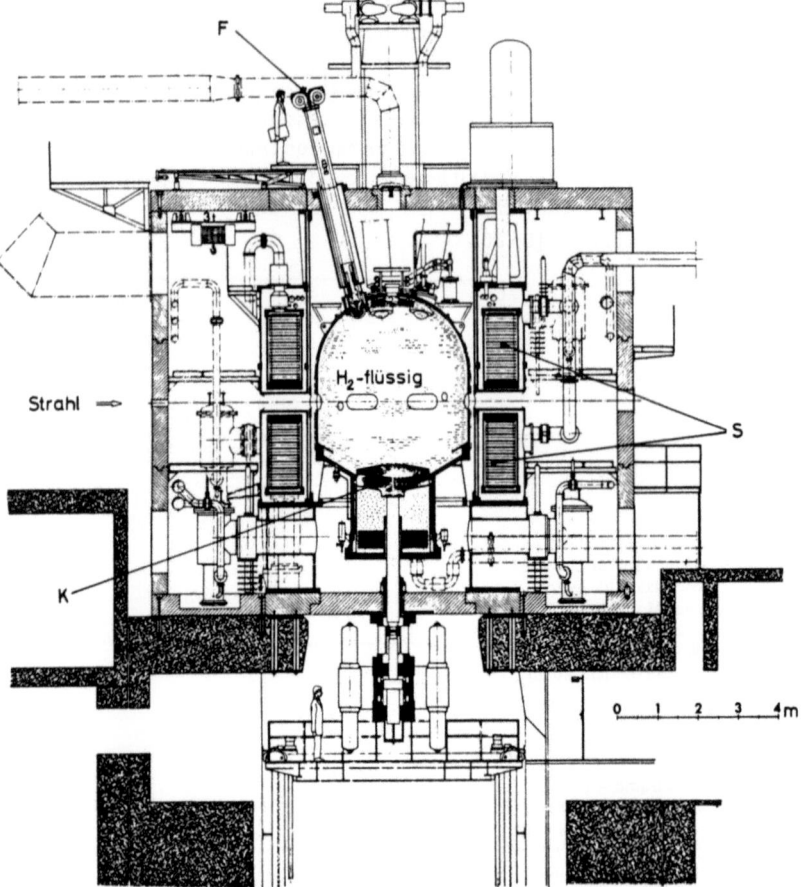

Fig. 3.6   BEBC, die große Europäische Blasenkammer des CERN-Laboratoriums in Genf. Das zentrale Gefäß ist mit flüssigem Wasserstoff gefüllt. Durch einen Kolben K wird der Druck unmittelbar vor Durchgang des Teilchenstrahls gesenkt und danach wird rekomprimiert. Der Teilchenstrahl kommt von links und tritt durch ein Fenster durch die Kammer. Die Bahnspuren im flüssigen Wasserstoff werden durch Kameras F fotografiert. Eine supraleitende Spule S erzeugt ein hohes Magnetfeld, so daß der Impuls der Teilchen durch die Krümmung der Spuren gemessen werden kann

3.3 Andere Spurdetektoren

Genau das Entgegengesetzte geschieht in der von D. Glaser erfundenen **Blasenkammer**: Ein Teilchen durchquert eine durch plötzliche Drucksenkung überhitzte Flüssigkeit. Entlang der Bahnspur des Teilchens bilden die Ionen Keime, an denen sich Dampfbläschen ausbilden. Die Bahnspur des Teilchens erscheint als Spur von Dampfbläschen. Beispiele solcher Bilder sind Fig. 1.7, 6.1, 6.2, 8.5, 10.5. Ehe die ganze Kammer zu kochen beginnt, wird wieder komprimiert. Es sind sehr große Blasenkammern gebaut worden, z. B. die in Fig. 3.6 gezeigte. Sie kann mit Wasserstoff oder Neon gefüllt werden und dient hauptsächlich dem Studium von Neutrinoreaktionen.

Bei der Funkenkammer hat man eine Reihe paralleler Platten, an die man beim Durchgang eines Teilchens kurzzeitig Hochspannung legt. Es erfolgt dann ein Funkendurchbruch längs der Ionisation, welche das Teilchen zurückgelassen hat.

Wählt man den Plattenabstand der Funkenkammer sehr groß (bis etwa 50 cm ist möglich), so erhält man eine Streamerkammer. Beim Durchgang einer Spur durch die Kammer legt man kurzzeitig (ein paar ns lang) ein sehr hohes Feld an, so daß sich längs der Teilchenspur leuchtende Büschelentladungen bilden, die man photographieren kann. Die Schwierigkeit besteht hier im Erzeugen und Zuführen eines sehr kurzen Spannungsimpulses von bis zu einigen 100 kV.

Ein der Funkenkammer ähnliches Gerät ist die nach ihrem Erfinder so benannte Conversikammer. Die Kammer besteht aus einer Reihe von Polypropylen-Röhrchen von 0,5 bis 1 cm Querschnitt, wie sie z. B. als Verpackungsmaterial verwendet werden. Die Röhrchen werden zwischen Metallplatten gelegt und mit einem Ne-He-Gemisch im Verhältnis 90% zu 10% gefüllt. Bei Durchgang eines Teilchens legt man einen Hochspannungspuls an die Metallelektroden. In den Röhrchen tritt entlang der Bahn eines Teilchens eine Glimmentladung auf, die entweder photographisch oder durch eine elektronische Auslese registriert wird. Der Hauptvorteil dieses Detektors sind seine geringen Kosten.

Eine sehr gute Ortsauflösung von einigen μm kann man mit Si-Festkörperzählern erreichen, auf welche mit den Mitteln der Mikroelektronikherstellung ein Streifenmuster mit den notwendigen Kontakten aufgebracht ist [Le 87].

Zuletzt seien unter den Spurdetektoren die photographische Kernspuremulsion erwähnt. Dies ist eine Spezialemulsion mit einem sehr hohen AgBr-Gehalt und Schichtdicken bis zu 600 μ. Bei sorgfältiger Behandlung und Entwicklung kann man in ihr

Tab. 3.2 Übersicht über Spurdetektoren

	Ortsmeßgenauigkeit in μm	Totzeit	Trigger
MWPC	800	<1 μs	selbsttriggernd
Driftkammer	50 bis 200	~1 μs	Trigger erforderlich als Zeitsignal
Funkenkammer	500	10 ms	Trigger erforderlich
Streamerkammer	200	10 ms	Trigger erforderlich
Conversikammer	3000	10 ms	Trigger erforderlich
Blasenkammer	30 bis 100	100 ms	–
Kernspuremulsion	0,2	–	–

Spuren von minimalionisierenden Teilchen sichtbar machen. Die Beobachtung der entwickelten Spuren erfolgt unter dem Mikroskop. Kernspuremulsionen haben von allen Spurdetektoren die größte Ortsauflösung von etwa 1 μm (als Beispiel s. Fig. 6.14). Tab. 3.2 gibt eine Übersicht über die Eigenschaften von Detektoren, die zur Bestimmung von Teilchentrajektorien dienen können.

3.4 Cerenkovzähler

Durchquert ein Teilchen ein Dielektrikum und ist seine Geschwindigkeit $v > c/n$, wobei n der Brechungsindex und c/n die Phasengeschwindigkeit in diesem Medium ist, so emittiert es Cerenkovstrahlung mit einem Winkel θ zwischen den Teilchen und der Richtung der Strahlung:

$$\cos\theta = \frac{c/n}{v} \tag{3.1}$$

Die Zahl der Photonen dN, die pro Länge im Wellenlängenintervall von λ bis $d\lambda$ emittiert werden, ist

$$dN = 2\pi \cdot \alpha \cdot \sin^2\theta \cdot \frac{d\lambda}{\lambda^2} \tag{3.2}$$

Tab. 3.3 gibt eine Übersicht über verschiedene Cerenkovmedien.

Tab. 3.3 Brechungsindex verschiedener Stoffe

Material	n
Glas	1,46 bis 1,75
Szintillator	1,58
Plexiglas	1,48
Wasser	1,33
Aerogel (SiO_2) [Bu 81]	1,025 bis 1,075
CO_2 (Atmosphärendruck)	$1 + 4 \cdot 10^{-4}$
He (Atmosphärendruck)	$1 + 3,3 \cdot 10^{-5}$

Cerenkovzähler können als Schwellenzähler eingesetzt werden, um die Geschwindigkeit von Teilchen zu messen. Die Geschwindigkeitsschwelle, oberhalb derer ein Teilchen Cerenkovlicht emittiert, ist gegeben durch

$$v > c/n$$
$$\text{oder} \quad E/mc^2 = \frac{1}{\sqrt{1 - v^2/c^2}} > \frac{1}{\sqrt{1 - 1/n^2}} \tag{3.3}$$

Durch Kombination mehrerer Schwellenzähler kann man Geschwindigkeitsintervalle für Teilchen festlegen.

L i t e r a t u r : [Bu 81].

3.5 Schauerzähler und Kalorimeter

Schauerzähler Wenn ein Elektron oder Photon auf einen Absorber fällt, kommt es zur Ausbildung einer Elektronen-Photonen-Kaskade, wie in Abschn. 2.9 beschrieben. Dabei wird der größte Teil der Energie des einfallenden Teilchens in Ionisationsenergie der Elektronen und Positronen umgesetzt. Da sich diese Teilchen aufgrund ihrer hohen Energie nahe dem Minimum ihrer spezifischen Ionisation befinden, ist die gesamte in Ionisation umgesetzte Energie proportional dem Bahnintegral der Elektronen und Positronen im Schauer. Mißt man es, so hat man ein Maß für die Schauerenergie, die natürlich gleich der Energie des einfallenden Teilchens (Elektron oder Photon) ist. Um zu einer genauen Messung zu kommen, muß der Zähler einen möglichst großen Bruchteil des Schauers erfassen, also eine (energieabhängige) Mindestgröße besitzen. Will man die Verluste aus den Endflächen des Zählers unter etwa 2% halten, so muß die Länge des Zählers mindestens etwa 3 mal so groß sein, wie die Tiefe des Maximums nach Gl. (2.36) beträgt (eine Länge von 2 mal Tiefe des Maximums bringt etwa 10% Verluste). Auch senkrecht zur Ausbreitungsrichtung des Schauers muß der Zähler eine Mindestausdehnung haben.

Ein charakteristisches Maß für die seitliche Ausdehnung eines Schauers ist die Größe

$$r_m = \frac{21 \text{ MeV}}{E_K} \cdot X_0, \tag{3.4}$$

X_0 = Strahlungslänge,
E_K = kritische Energie, s. Abschn. 2.9
r_m = Molière-Radius.

Man findet, daß ein Zähler mit einem Radius von $2r_m$ um die Schauerrichtung praktisch die ganze ($\approx 95\%$) Schauerenergie erfaßt.

Das totale Pfadlängenintegral, also die Energie des Schauers, kann entweder über die Ionisation (i) der Elektronen oder über ihre Cerenkovstrahlung (ii) gemessen werden.

(i) I o n i s a t i o n. Die gesamte Pfadlänge durch Ionisation kann direkt in einem Block aus schwerem Szintillationsmaterial gemessen werden. Teuer und heikel zu handhaben, aber sehr gut ist NaI (Tl). Hier ist eine relative Energiemeßgenauigkeit von

$$\frac{\sigma}{E} \cong \frac{0{,}03}{E^{1/4}} \tag{3.5}$$

erreichbar (E in GeV, σ = Standardabweichung der Messung der Schauerenergie E). Noch besser, einfach zu handhaben, aber sehr teuer ist BGO.

Billiger sind Schauerzähler mit abwechselnden Platten aus Blei und Szintillator (Pb-Szintillator-Sandwich). Die Schauervervielfachung erfolgt in Bleiplatten von $1/2\ X_0$ – – $1\ X_0$ Stärke, im Szintillator wird eine Stichprobe der Elektronenzahl des Schauers gemessen. Die Energiemeßgenauigkeit ist für einen idealen Zähler

$$\frac{\sigma}{E} \approx 2{,}2 \cdot \sqrt{\frac{E_k}{E} \cdot \frac{d}{X_0}} \quad \text{(d = Dicke der Absorberplatten)} \tag{3.6}$$

Man kann die Schauerelektronen statt in einem Szintillator auch in einer Ionisationskammer oder in Proportionaldrahtkammern messen.

Benutzt man als Medium des Ionisationszählers flüssiges Argon, so erhält man einen sehr nützlichen Zähler. Diese Flüssig-Argon-Zähler brauchen keine Photomultiplier, die oft im Weg sind und kein Magnetfeld aushalten. Auch lassen sich Flüssig-Argon-Zähler relativ leicht transversal und longitudinal segmentieren. Ein solcher Flüssig-Argon-Schauerzähler besteht aus Platten in einem „Bad" aus flüssigem Argon. Die Ionisationssignale der Platten können einzeln herausgeführt werden.

Dies kann große Vorteile haben, wenn man die Lage eines Schauers genau festlegen, zwei eng benachbarte Schauer trennen oder Elektronen von Pionen trennen will. Allerdings, die durch die kryogenische Technik verursachten Probleme lassen die Haare manch eines Experimentalphysikers zu Berge stehen. Die Energiemeßgenauigkeit ist bei sorgfältigem Bau des Zählers und der Elektronik etwa durch Gl. (3.6) gegeben.

Schauerzähler aus szintillierendem Glas sind im Erprobungsstadium [Sch 88], [Oh 88], [Wa 85]. Sie haben eine Dichte von $\rho \approx 3{,}5$ g/cm^3, $X_0 = 4{,}1$ cm, ihre Energieauflösung ist $\sigma/E \approx 0{,}026/\sqrt{E}$ (E in GeV).

Ein wichtiger Gesichtspunkt ist die Empfindlichkeit von Schauerzählern samt ihrer Elektronik gegenüber Schädigung durch ionisierende Strahlung. Bleiglas-Cerenkovzähler sind besonders empfindlich, Szintillationszähler sind besser, sie halten etwa 10^3 Gy aus; sehr unempfindlich ist szintillierendes Glas.

(ii) C e r e n k o v s t r a h l u n g. Zum Nachweis der Schauerenergie durch das Cerenkovlicht der Schauerteilchen sucht man ein Material mit großer Transparenz, großem Brechungsindex und kleiner Strahlungslänge. Man benutzt hierzu am besten große Blöcke aus Bleiglas ($X_0 = 2{,}5$ cm, n = 1,7). Das Cerenkovlicht wird am besten mit einem Photomultiplier registriert. Die Energieauflösung ist

$$\frac{\sigma}{E} \cong \frac{0{,}06}{\sqrt{E}} \quad \text{(E in GeV)}. \tag{3.7}$$

Hadron-Kalorimeter. Falls ein stark wechselwirkendes Teilchen (Hadron), etwa ein Proton, Neutron oder Pion einen Absorber trifft, erzeugt es ebenfalls eine Kaskade, die nun aber von den Kernstößen der Hadronen bestimmt wird (s. Abschn. 3.1). Die charakteristischen Abmessungen der Kaskade werden bestimmt durch die Kernabsorptionslänge λ:

$$\lambda = A\sigma/N\rho \quad (\rho = \text{Dichte})$$

$$\sigma \approx \pi r_0^2 \cdot A^{0{,}7} \text{ mit } r_0 \approx 1{,}2 \text{ fm}$$

Die Abmessungen der Hadronkaskade bestimmen die Größe eines Schauerzählers für Hadronen (Hadronkalorimeter).

Im Gegensatz zu Schauerzählern für Elektronen und Photonen wird in Hadronkalorimetern im allgemeinen nicht die gesamte Energie des Teilchens in Ionisationsenergie verwandelt, sondern sie geht zum Teil in Neutrinos, sie entweicht in Form von Muonen oder sie wird zur Kernanregung verwendet. Infolgedessen haben Hadronkalorimeter eine schlechtere Energieauflösung; man erreicht etwa $\sigma/E \sim 0.5/\sqrt{E}$ (E in GeV) bis $\sigma/E \sim 1/\sqrt{E}$ bei hohen Energien ($\gtrsim 100$ GeV). Diese Energieauflösung kann durch Bewichtungsverfahren der longitudinalen Schauerentwicklung verbessert werden; eine optimale Energieauflösung erreicht man durch passende Erfassung und Bewichtung der Neutronenkomponente in passend dimensionierten Kalorimetern aus Szintillator und Uran- oder Bleiplatten [Lee 86], [Br 86]: erreichbar ist dann $\sigma/E \sim 0.35/\sqrt{E}$ (E in GeV).

3.6 Beispiel eines Detektors

Am Beispiel eines großen Detektors sollen der Einsatz und das Zusammenwirken der bisher behandelten Meßverfahren geschildert werden. Fig. 3.7 zeigt den Detektor der TASSO-Kollaboration. Dieser Detektor wurde am Speicherring PETRA am DESY in Hamburg eingesetzt. Er hatte die Aufgabe, eine möglichst vollständige und genaue Messung aller Teilchen durchzuführen, die bei einer Annihilationsreaktion hoher Energie entstehen.

In dem evakuierten Strahlrohr des Speicherrings laufen Elektron- und Positronpakete gegeneinander. Sie kollidieren in der Mitte des Detektors, wo u. a. eine Annihilationsreaktion in Hadronen

$$e^+e^- \to \pi^+ + \pi^- \ldots + K^+ + K^- \ldots + \pi^0 \ldots + K^+ \ldots \text{usw.}$$

stattfinden kann. Es gilt, von diesen entstehenden Teilchen die Winkel, Impulse und Massen zu bestimmen.

Der Detektor sitzt in einer großen Solenoidspule[1]), die ein Magnetfeld von 0,5 T parallel zur Strahlachse erzeugt. Die aus dem Wechselwirkungsvolumen herauskommenden Teilchen durchdringen zunächst 15 zylindrische Driftkammerlagen. Hier wird ihre Bahn rekonstruiert. Aus der Bahnkrümmung folgt der Impuls (Gl. (4.2)). Nach Durchdringen der Spule treffen die Teilchen einen Flüssig-Argon-Schauerzähler, der 14 Strahlungslängen tief ist. Hier werden γ-Quanten nach Richtung und Energie nachgewiesen und π^0-Mesonen anhand ihres Zerfalls $\pi^0 \to \gamma + \gamma$ identifiziert. Außerdem kann man in dem Flüssig-Argon-Zähler Elektronen von Pionen und anderen Hadronen unterscheiden wegen der charakteristischen Schauerbildung der Elektronen. Um die Masse der anderen geladenen Teilchen zu bestimmen, muß man neben ihrem Impuls p, der aus der Bahnkrümmung im Magnetfeld folgt, auch die Geschwindigkeit v messen. Die Masse folgt dann aus der Beziehung

$$p = \frac{mv}{\sqrt{1 - v^2/c^2}}.$$

---

[1]) Heute werden solche Spulen in Supraleitungstechnik gebaut.

48 3 Experimentelle Hilfsmittel

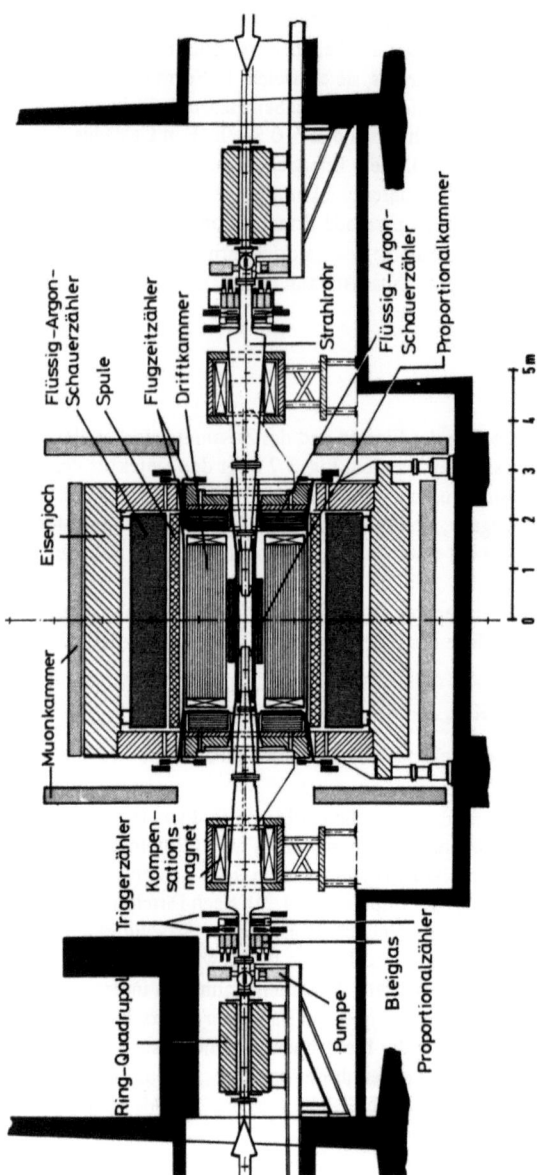

Fig. 3.7 a) Detektor der TASSO-Kollaboration am PETRA-Speicherring in Hamburg (Schnitt entlang der Strahlachse)

3.6 Beispiel eines Detektors 49

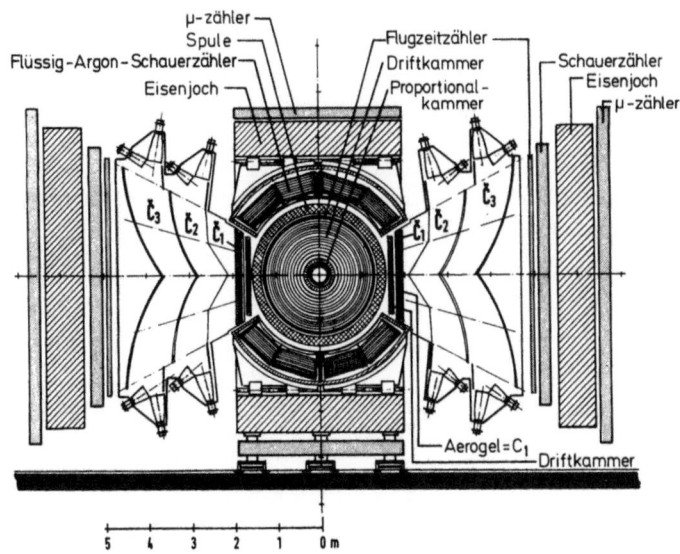

Fig. 3.7 b) TASSO-Detektor, Schnitt senkrecht zur Strahlachse (s. DESY-Bericht 79/36)

Die Geschwindigkeit wird durch Messung der Flugzeit zwischen zwei Zählern („Flugzeitzähler") bestimmt. An den Schauerzähler schließt sich ein Eisenjoch an. Dieses dient der Rückführung des magnetischen Flußes und es absorbiert außerdem die meisten Hadronen (Pionen, Kaonen, Protonen, ...) durch Kernstöße. Die Elektronen werden schon vorher im Schauerzähler gestoppt. Deshalb sind hinter dem Eisenabsorber alle Teilchen weg bis auf die Muonen, die praktisch keine Kernstöße machen und ihre Energie hauptsächlich durch Ionisation verlieren. Die Spur dieser Muonen wird durch einen Satz von Driftkammern („Muonkammern") bestimmt.

Die Geschwindigkeitsmessung durch Messung der Flugzeit liefert nur dann genügend genaue Werte für die Massenbestimmung, falls $p \lesssim mc$ ist. Für große Werte des Impulses $p \gg mc$ mißt man die Geschwindigkeit über den Cerenkoveffekt. Um verschiedene Geschwindigkeitsintervalle erfassen zu können, benutzt man Cerenkovzähler mit verschiedenem Brechungsindex n. Wie Fig. 3.7b zeigt, kommt als erstes ein Cerenkovzähler aus Aerogel. Danach kommen zwei große Gas-Cerenkovzähler. Diese sind in viele Kammern unterteilt, so daß man mehrere Teilchen gleichzeitig messen kann.

Bei einer Annihilationsreaktion entstehen bei der hohen Energie des PETRA-Speicherrings im Mittel etwa zehn geladene Teilchen und etwa ebenso viele Photonen. Ihre Winkel und Impulse werden gemessen, die Energien und Winkel der Schauer im Flüssig-Argon-Zähler, die Zeitsignale des Flugzeitzählers sowie die Signale der Cerenkovzähler. Alle Signale werden digitalisiert und in einem Rechner gespeichert. Ein derartiges Annihilationsereignis benötigt etwa 50000 bits zur Speicherung. Diese Informationsmenge ist so groß, daß man es sich nur leisten kann, die Zähler bei potentiell interessanten Kol-

50   3 Experimentelle Hilfsmittel

lisionen auszulesen, d. h. bei Kollisionen, die eine Annihilation sein könnten. Dazu dient ein Trigger. Sein Kernstück besteht aus einem Mikrorechner, welcher aus den Signalen der Driftkammer versucht, Spuren zu bilden und — falls dies erfolgreich ist — feststellt, ob sie aus der Nähe des Wechselwirkungspunktes kommen. Als weitere Kriterien für den Trigger kann man die im Schauerzähler deponierte Energie nehmen.

Fig. 3.8 zeigt die Rechnerrekonstruktion eines Annihilationsereignisses. Ausgehend von den Meß-Daten der Teilchen wie Masse und Impuls kann dann die physikalische Auswertung und Deutung erfolgen.

L i t e r a t u r : zu diesem Abschn. [Kl 87], [Ri 61].

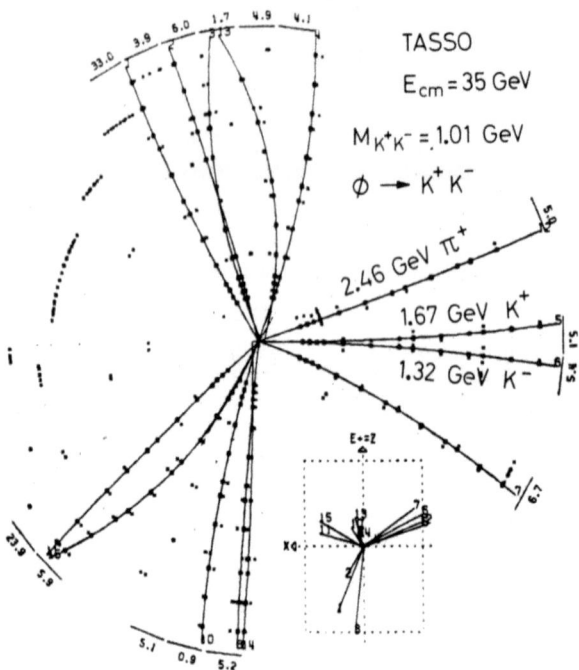

Fig. 3.8 Ein vom Rechner rekonstruiertes Annihilations-Ereignis im Detektor TASSO. Das Bild zeigt die Spuren von 14 geladenen Teilchen (hauptsächlich Pionen). Die Punkte bezeichnen den Ort von Ionisation in der Nähe von Drähten in der Driftkammer. Aus der Krümmung der Spuren im Magnetfeld wird der Teilchenimpuls bestimmt

4 Beschleuniger und Speicherringe

4.1 Strahloptik

Ein geladenes Teilchen erfährt beim Durchgang durch elektrische und magnetische Felder eine Kraft:

$$\frac{d\vec{p}}{dt} = Q(\vec{v} \times \vec{B}) + Q\vec{E} \tag{4.1}$$

wobei $\vec{p} = m\vec{v}/\sqrt{1 - v^2/c^2}$ (= Impuls)

m = Ruhemasse des Teilchens (kg)
Q = Ladung (As)
$\vec{v}$ = Geschwindigkeit (m/s)
$\vec{B}$ = magnetische Induktion (T)
$\vec{E}$ = elektrische Feldstärke (V/m).

Wir betrachten nun folgende Sonderfälle.

(i) K o n s t a n t e s M a g n e t f e l d , $\vec{E} = 0$ Ein Teilchen, welches sich in einem zeitlich sowie nach Betrag und Richtung konstanten Magnetfeld bewegt, läuft auf einer Spirale um die magnetischen Feldlinien. Projiziert auf eine Ebene senkrecht zu den Feldlinien ist der Krümmungsradius R der Bahn

$$R = \frac{pc \cdot \sin(\vec{v}, \vec{B})}{c \cdot Q \cdot B}. \tag{4.2}$$

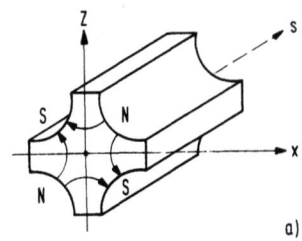

In den in der Hochenergiephysik gebräuchlichen Einheiten hat man für Teilchen der Ladung Q = e = = Elementarladung

$$p = KBR/\sin(\vec{v}, \vec{B})$$

$$K = 3\left(\frac{\text{MeV}/c}{\text{T cm}}\right). \tag{4.3}$$

Der Impuls p wird in MeV/c gemessen, die Induktion B in T (1 T = 10^4 Γ), der Krümmungsradius R in cm.

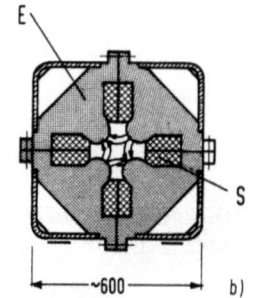

Fig. 4.1
a) Quadrupolmagnet. Die Teilchen laufen etwa entlang der Achse des Quadrupols s. Der Quadrupol besteht aus zwei Nord- und zwei Südpolen
b) Technische Ausführung S = Spule, E = Eisenkörper – eine spezielle Formgebung sorgt für einen Verlauf des Mangetfeldes nach Gl. (4.4)

(ii) Q u a d r u p o l f e l d . Die Bewegung eines geladenen Teilchens erfolge unter einem kleinen Winkel zur Achse des Quadrupolmagneten der Fig. 4.1. Die Achse des

Quadrupols gehe in Richtung s. Die Komponenten von $\vec{B}$ für ein solches Quadrupolfeld sind (Achsen x, z, s sind orthogonal, Koordinatenursprung in der Mitte des Quadrupols)

$$B_s = 0$$
$$B_x = \left(\frac{\partial B_x}{\partial z}\right)_0 \cdot z \quad (4.4)$$
$$B_z = \left(\frac{\partial B_z}{\partial x}\right)_0 \cdot x.$$

Dabei sind $\left(\frac{\partial B_x}{\partial z}\right)_0$ und $\left(\frac{\partial B_z}{\partial x}\right)_0$ gemäß der Konstruktion des Magneten (fast) konstante Werte. Sie charakterisieren den Magneten und heißen Feldgradienten. Das Feld Gl. (4.4) erfüllt natürlich die Bedingung

$$\text{div } \vec{B} = 0.$$

Wegen rot $\vec{B} = 0$ ist

$$\left(\frac{\partial B_x}{\partial z}\right)_0 = \left(\frac{\partial B_z}{\partial x}\right)_0. \quad (4.5)$$

Bedenkt man, daß bei der Bewegung in einem statischen Magnetfeld die Energie des Teilchens und damit der Betrag v_0 der Geschwindigkeit $\vec{v}$ konstant ist, so gilt mit

$$\vec{p} = m(v_0) \cdot \vec{v} = m(v_0) \cdot d\vec{r}/dt$$
$$m(v_0) = m/\sqrt{1 - v_0^2/c^2}$$

und
$$\frac{dp_x}{dt} = m(v_0) \cdot \frac{d^2 x}{dt^2} \quad \text{usw.}$$

Wegen v_0 = konstant ist auch $m(v_0)$ bei der ganzen Bewegung konstant, und für eine Bewegung unter kleinen Winkeln zur Quadrupolachse s gilt

$$s = v_0 t \qquad \frac{d}{dt} = v_0 \cdot \frac{d}{ds}$$

und damit

$$\frac{dp_x}{dt} = v_0^2 \cdot m(v_0) \cdot \frac{d^2 x}{ds^2}.$$

Damit lautet Gl. (4.1) in Komponenten für die Bewegung in einem Quadrupolmagneten wie folgt ($\vec{E} = 0$):

$$\frac{dp_x}{dt} = v_0^2 \cdot m(v_0) \cdot \frac{d^2 x}{ds^2} = v_0 \cdot p \cdot \frac{d^2 x}{ds^2} = e \cdot \left(\frac{ds}{dt}\left(\frac{\partial B_z}{\partial x}\right)_0 x - \frac{dz}{dt} \cdot B_s\right),$$

oder, mit $\frac{ds}{dt} = v_0$ und mit $B_s = 0$,

$$\frac{d^2x}{ds^2} = \frac{e}{p}\left(\frac{\partial B_z}{\partial x}\right)_0 \cdot x \tag{4.6}$$

und mit der Abkürzung $\quad k = \frac{e}{p} \cdot \left(\frac{\partial B_z}{\partial x}\right)_0$

$$\frac{d^2x}{ds^2} = k \cdot x. \tag{4.7}$$

In s-Richtung hat man

$$\frac{dp_s}{dt} = m(v_0) \cdot \frac{dv_0}{dt} = 0.$$

In z-Richtung hat man durch eine Rechnung analog zur x-Richtung und mit Benutzung von Gl. (4.5)

$$\frac{d^2z}{ds^2} = -kz. \tag{4.8}$$

Die Lösung der Differentialgleichungen Gl. (4.7), (4.8) ist für $k > 0$:

$$\begin{aligned} x &= x_{01} \sinh(\sqrt{k} \cdot s) + x_{02} \cosh(\sqrt{k} \cdot s) \\ z &= z_{01} \sin(\sqrt{k} \cdot s) + z_{02} \cos(\sqrt{k} \cdot s) \end{aligned} \tag{4.9}$$

und für $k < 0$:

$$\begin{aligned} x &= x_{01} \sin(\sqrt{|k|} \cdot s) + x_{02} \cos(\sqrt{|k|} \cdot s) \\ z &= z_{01} \sinh(\sqrt{|k|} \cdot s) + z_{02} \cosh(\sqrt{|k|} \cdot s) \end{aligned} \tag{4.10}$$

Für $k > 0$ wird ein Teilchen nach Gl. (4.9) in der x-Richtung von der s-Achse weggebogen – in dieser Richtung wirkt der Quadrupol defokussierend. In der z-Richtung dagegen wirkt dieser Quadrupol fokussierend, da das Teilchen zur s-Achse hingebogen wird. Durch geeignete Hintereinanderschaltung von fokussierenden und defokussierenden Quadrupolen (sie haben entgegengesetzte Vorzeichen von k) kann man eine Gesamtfokussierung des Teilchens in beiden Richtungen (x und z) erhalten. Das Prinzip funktioniert ähnlich wie das Hintereinanderschalten einer Streu- und Sammellinse (Prinzip der starken Fokussierung). Fig. (4.2) zeigt als Beispiel ein Quadrupoldublett, welches in beiden Richtungen fokussiert. Dies ist das Grundprinzip für die Fokussierung von Teilchenstrahlen beim Strahltransport, in Synchrotrons und in Speicherringen. Zur quantitativen Durchrechnung geht man aus von einem Teilchen mit der x-Koordinate x_0 und der x-Projektion des Winkels gegen die s-Achse $dx/ds = x'_0$.
Die Bewegungsgleichung für $k > 0$ ist Gl. (4.9).

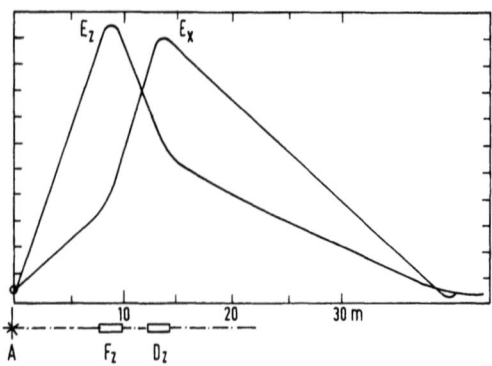

Fig. 4.2
Ein Quadrupoldublett. Quadrupol F_z fokussiert in z-Richtung, Quadrupol D_z defokussiert in z-Richtung. Die Kombination F_z, D_z fokussiert in beiden Richtungen. Gezeichnet ist die Strahlenveloppe (Ausdehnung des Strahls) in z-Richtung (E_z) und in x-Richtung (E_x). Man erkennt wie F_z in z-Richtung fokussiert, in x-Richtung defokussiert. Für F_x ist es umgekehrt. (Nach [Ka 78])

Anfangsbedingung:

Für $s = 0$ ist $x = x_0$, $\dfrac{dx}{ds} = x'_0$, hieraus folgt:

$$x_0 = x_{02}$$

$$x'_0 = x_{01} \cdot \sqrt{k}$$

und somit

$$x = x'_0/\sqrt{k} \cdot \sinh(\sqrt{k} \cdot s) + x_0 \cosh(\sqrt{k} \cdot s)$$

Hat der Quadrupol die Länge ℓ, so sind die Koordinate und der Winkel zur s-Achse am anderen Ende des Quadrupols

$$x = x_0 \cosh\phi + \frac{x'_0}{\sqrt{k}} \sinh\phi$$

$$x' = \frac{dx}{ds} = x_0 \cdot \sqrt{k} \cdot \sinh\phi + x'_0 \cosh\phi$$
(4.11)

mit der Abkürzung $\phi = \ell\sqrt{k}$.

Die Koordinaten x_0, x und die Winkel x'_0, $x' = dx/ds$ am Anfang und Ende des Quadrupols sind also durch Gl. (4.11) verknüpft, die wir in Matrixform so schreiben können:

$$\begin{pmatrix} x \\ x' \end{pmatrix}_\ell = \begin{pmatrix} \cosh\phi & \dfrac{1}{\sqrt{k}}\sinh\phi \\ \sqrt{k}\cdot\sinh\phi & \cosh\phi \end{pmatrix} \cdot \begin{pmatrix} x_0 \\ x'_0 \end{pmatrix} = T_d \cdot \begin{pmatrix} x_0 \\ x'_0 \end{pmatrix}. \quad (4.12)$$

In der anderen Ebene (z-Richtung) fokussiert der Magnet und man hat

$$\begin{pmatrix} z \\ z' \end{pmatrix}_\ell = \begin{pmatrix} \cos\phi & \dfrac{1}{\sqrt{k}}\sin\phi \\ -\sqrt{k}\sin\phi & \cos\phi \end{pmatrix} \cdot \begin{pmatrix} z_0 \\ z'_0 \end{pmatrix} = T_f \cdot \begin{pmatrix} z_0 \\ z'_0 \end{pmatrix}. \quad (4.13)$$

Allgemein:

$$\begin{pmatrix} x \\ x' \end{pmatrix}_\ell = T \cdot \begin{pmatrix} x_0 \\ x'_0 \end{pmatrix} \tag{4.14}$$

Hierbei ist T eine 2 x 2 Transformationsmatrix, welche die Anordnung von Quadrupolmagneten beschreibt. Als besonders einfache Spezialfälle sind schon eingeführt T_f = fokussierender, T_d = defokussierender Quadrupol nach Gl. (4.12), (4.13).
Die Transformationsmatrix eines feldfreien Raumes der Länge ℓ ist

$$T_\ell = \begin{pmatrix} 1 & \ell \\ 0 & 1 \end{pmatrix} \tag{4.15}$$

Damit kann man leicht die Bahn eines Teilchens berechnen, wenn man die Transformationsmatrizen aller Bahnelemente hat. Man benutzt Gl. (4.12), (4.13), (4.15) und hat z. B. die Ablage x und den Winkel x' des Teilchens nach Durchlaufen von drei Elementen mit den Transformationsmatrizen T_1, T_2, T_3:

$$\begin{pmatrix} x \\ x' \end{pmatrix} = T_3 \cdot T_2 \cdot T_1 \cdot \begin{pmatrix} x_0 \\ x'_0 \end{pmatrix}$$

(x_0, x'_0 = ursprüngliche Ablage und ursprünglicher Winkel).
Ein wichtiger Begriff ist die Brennweite f eines Quadrupols. Man bestimmt sie, indem man ein Teilchen parallel zur Achse einfallen läßt ($x'_0 = 0$) und nachschaut, wo die Ablage x = 0 wird. Die Hintereinanderschaltung eines Quadrupols der Länge ℓ und eines feldfreien Raumes der Länge L gibt die Transformationsmatrix

$$T = T_\ell \cdot T_f = \begin{pmatrix} (\cos\phi - \sqrt{k} \cdot L \cdot \sin\phi) & (1/\sqrt{k} \sin\phi + L \cos\phi) \\ -\sqrt{k} \sin\phi & \cos\phi \end{pmatrix}$$

und die Bedingung für einen Fokus bei der Länge L ist

$$\begin{pmatrix} 0 \\ x' \end{pmatrix}_L = T \cdot \begin{pmatrix} x_0 \\ 0 \end{pmatrix}$$

oder $\quad 0 = \cos\phi - \sqrt{k}\, L \sin\phi$

oder $\quad L = \dfrac{1}{\sqrt{k}\, \tan(\ell\sqrt{k})}$. \hfill (4.16)

Falls $\ell \ll 1/\sqrt{k}$, $\ell \ll L$, gilt (dünne Linsennäherung) für die Brennweite:

$$f \approx L \approx \frac{1}{k\ell} \tag{4.17}$$

4.2 Linearbeschleuniger

Fig. 4.3 zeigt das Prinzipschema eines Linearbeschleunigers. Als Quelle für die zu beschleunigenden Teilchen dient für Elektronen in der Regel eine Glühkathode, für Protonen eine Ionenquelle. Die Teilchen werden fokussiert und elektrostatisch vorbeschleunigt, ehe sie in die Hochfrequenz-Beschleunigungsstruktur des Linearbeschleunigers eintreten. Als Quelle für Positronen dient die e^+e^--Paarerzeugung. Dazu beschleunigt man einen Elektronenstrom auf hohe Energie ($\sim$ 1/3 der angestrebten Endenergie), läßt ihn auf ein Target fallen, wo sich eine elektromagnetische Kaskade bildet, die etwa gleich viele Elektronen und Positronen enthält. Die Positronen werden selektiert, fokussiert und beschleunigt (s. Fig. 4.4).

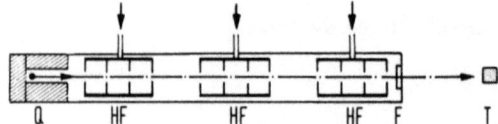

Fig. 4.3 Schema eines Linearbeschleunigers. Q = Teilchenquelle, für Protonen ist dies meist ein Van de Graaf-Generator, für Elektronen eine Glühkathode mit nachfolgender statischer Beschleunigungsstrecke. HF = Hochfrequenzbeschleunigungsstrecken, dies sind Resonatoren mit Öffnungen für den Strahldurchtritt, in die Hochfrequenzleistung über Hohlleiter eingespeist wird (Pfeile). F = dünnes Austrittsfenster für den Strahl, T = Target, hier trifft der beschleunigte Teilchenstrahl ein Stück Materie und erzeugt die gewünschte Reaktionen (nach [Li 62])

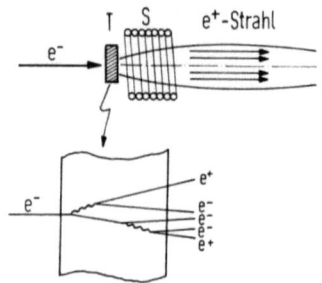

Fig. 4.4 Positronenquelle. e^- = Elektronstrahl hoher Energie, T = Target aus Schwermetall zur Bildung eines elektromagnetischen Schauers (Bremsstrahlung und Paarerzeugung von e^+e^--Paaren), S = Solenoidspule zur Bündelung der im Target erzeugten Positronen (nach [St 79])

Die Teilchen (Protonen, Elektronen, Positronen) kommen in die Hochfrequenz-Struktur des Linearbeschleunigers in Form von Paketen mit einer (nicht zu niedrigen) Anfangsenergie. Es gibt verschiedene Möglichkeiten für die HF-Struktur. Das Prinzip besteht darin, daß die Teilchen in einem Paket nacheinander die HF-Felder des Beschleunigers gerade in der richtigen Phase durchlaufen, so daß das HF-Feld eine beschleunigende Wirkung hat. Wählt man den Beschleuniger lang genug, so kann man durch Hintereinanderschalten vieler HF-Strukturen eine sehr hohe Endenergie erreichen. Der größte Linearbeschleuniger der Welt ist der Stanford Linear Accelerator (SLAC), der über eine Länge von etwa 2 Meilen Elektronen von 45 GeV erzeugen kann.

Wegen der Lorentz-Kontraktion erscheint den Elektronen in ihrem Ruhesystem dieser Linearbeschleuniger sehr stark verkürzt und nur etwa 40 cm lang; man kann deshalb in solchen Beschleunigern i. allg. auf fokussierende Elemente verzichten.

4.3 Speicherringe und Synchrotrons

Bei den kreisförmigen Beschleunigern wird der Teilchenstrahl durch Ablenkmagnete auf einer angenähert kreisförmigen Bahn gehalten. An einer oder mehreren Stellen entlang der Bahn sind Hochfrequenzbeschleunigungsstrecken angebracht. Falls man die Phase so wählt, daß jeweils beim Durchgang eines Teilchenpakets Beschleunigung stattfindet, kann man bei einer großen Zahl von Umläufen sehr hohe Endenergien der Teilchen erhalten. Falls der Bahnradius im Laufe der Beschleunigung konstant ist, spricht man von einem Synchrotron. In einem Synchrotron muß das Magnetfeld der Ablenkmagnete genau synchron mit dem Teilchenimpuls erhöht werden.

Damit der Strahl bei der großen Zahl von Umläufen nicht aus der Vakuumkammer des Synchrotrons (erforderlicher Druck $< 10^{-9}$ mbar) herausläuft, sind Fokussierungselemente, meist Quadrupolmagnete, erforderlich. Um in beiden Ebenen fokussierende Wirkung zu erhalten, muß man abwechselnd (in einer bestimmten Ebene) fokussierende und defokussierende Magnete anordnen, so daß eine insgesamt fokussierende Wirkung in beiden Ebenen entsteht (s. Abschn. 4.1).

Ein aus Ablenk- und Fokussierungsmagneten bestehender Ring ist im Prinzip in der Lage, Teilchen zu speichern. In einem Speicherring (Fig. 4.5) existiert eine geschlossene Bahn, auch Sollbahn genannt. Ein Teilchen, welches genau auf dieser Sollbahn mit der Sollenergie gestartet wird, würde ewig auf dieser Sollbahn umlaufen (falls seine Energie konstant ist — dies klingt selbstverständlich, da ein Teilchen durch Ablenkung in statischen Magnetfeldern seine Energie nicht verändert. Es kann jedoch Energie durch Synchrotronstrahlung und Ionisation im Restgas der Vakuumkammer verlieren).

Teilchen, die nicht genau auf dieser Sollbahn laufen, werden durch die magnetischen Führungsfelder auf quasi periodischen, stabilen Bahnen in der Nähe der Sollbahn gehalten.

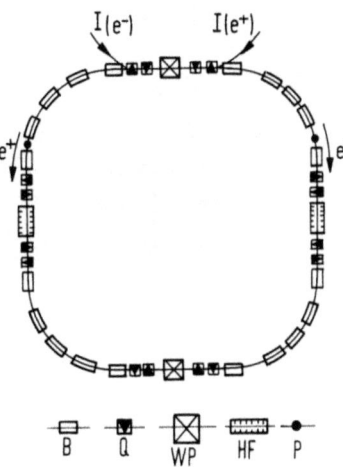

Fig. 4.5
a) Schema eines Elektron-Positron-Speicherrings. Bei I(e⁻) und I(e⁺) erfolgt der Einschuß (Injektion) von Elektronen und Positronen in den Ring, der aus Ablenkmagneten (B) und Quadrupolmagneten (Q) besteht. Die Quadrupolmagnete fokussieren den umlaufenden Strahl in der horizontalen und der vertikalen Ebene. Elektronen und Positronen laufen in Form von Paketen (P) von einigen cm Länge in entgegengesetzten Richtungen um und kollidieren in den zwei Wechselwirkungspunkten WP. Die Hochfrequenzbeschleunigungsstrecken HF ersetzen den Energieverlust, den die Teilchen durch Synchrotronstrahlung erleiden. Strahlströme von 10–100 mA mit Strahllebensdauer von einigen Stunden lassen sich erreichen

4 Beschleuniger und Speicherringe

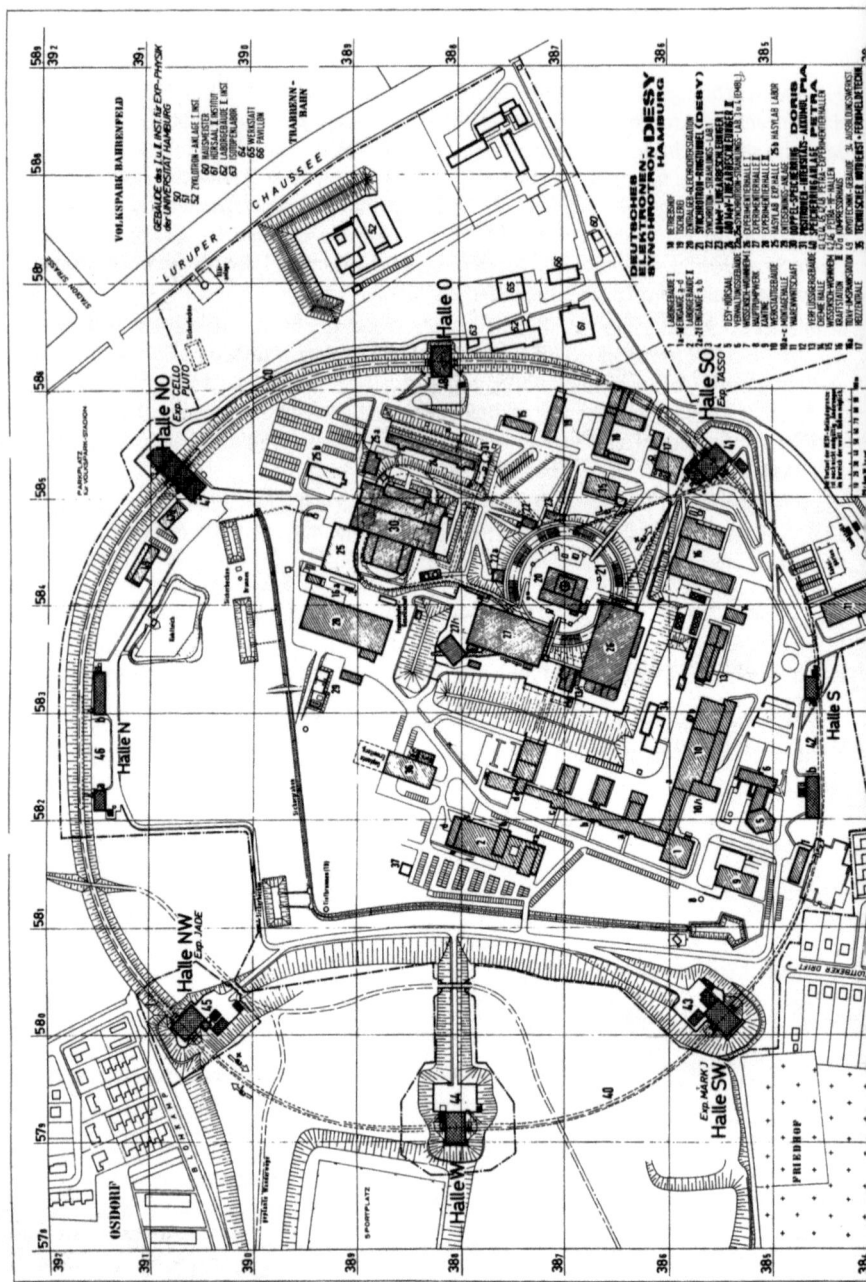

4.3 Speicherringe und Synchrotrons

Die Teilchenoszillationen in vertikaler und horizontaler Richtung um die ideale Bahn heißen Betatron-Schwingungen. Zusätzlich zu diesen beiden Schwingungen führen die Teilchen longitudinale Schwingungen relativ zur Bewegung eines idealen Teilchens aus, welches sich genau phasenrichtig zum Hochfrequenzbeschleunigungsfeld bewegt. Diese Schwingungen heißen Synchrotronschwingungen.

Die Lösung der Bewegungsgleichung eines Teilchens liefert für die Abweichung z in vertikaler Richtung von der Sollbahn

$$z(s) = a\sqrt{\beta(s)} \cos(\Phi(s) - \Phi_0). \tag{4.18}$$

Dabei ist

a = eine Konstante der Dimension (Länge)$^{1/2}$

$\beta(s)$ = Beta-Funktion – sie ist durch die Eigenschaften und die Anordnung der magnetischen Fokussierungselemente des Rings vorgegeben.

s = Längskoordinate entlang der Sollbahn

$$\Phi(s) = \int_0^s \frac{ds'}{\beta(s')}$$

Entsprechende Gleichungen gelten für die horizontale Ablage x(s) von der Sollbahn. Eine anschauliche Vorstellung der Bedeutung von Gl. (4.18) erhält man, wenn man in einer sehr groben Näherung $\beta(s) \approx \beta_0 \approx$ const. setzt.
Dann ist

$$z(s) \approx a_1\sqrt{\beta_0} \cdot \cos\left(\frac{s}{\beta_0}\right) + a_2\sqrt{\beta_0} \cdot \sin\left(\frac{s}{\beta_0}\right).$$

Der Strahl führt also angenähert sin- und cos-förmige Schwingungen um die Sollbahn aus. Nun wieder ohne Näherung: Die gesamte Phasenänderung bei einem vollständigen Umlauf um den Speicherring ist (C = Umfang der Sollbahn)

$$\Delta\Phi = \Phi(C) = \int_0^C \frac{ds'}{\beta(s')} = 2\pi Q_z \tag{4.19}$$

Q_z heißt vertikale Betatronzahl. Entsprechend gibt es eine horizontale Betatronzahl Q_x. Die Betatronzahl gibt die Zahl der Schwingungen um die Sollbahn pro Umlauf an. Falls Q_x oder Q_z ganzzahlige Werte annehmen, wird die Maschine unstabil, da unvermeidliche kleine Störungen in der Maschine bei jedem Umlauf des Teilchens sich in ihrer Wirkung kohärent addieren und so sehr große Amplituden der Betatronschwingung anfachen, so

---

Fig. 4.5 b) Lageplan des Elektron-Positron-Speicherrings PETRA in Hamburg. Der Ring hat einen Umfang von 2,3 km. Elektronen und Positronen kommen aus dem 400 MeV Linearbeschleuniger (24). Die Elektronen und Positronen werden in das Synchrotron (20) transferiert, beschleunigt und in den Speicherring (40) eingeschossen.

daß Teilchen verloren gehen. Man kann diese Werte vermeiden, indem man die Fokussierungselemente entsprechend einstellt, so daß ein nicht ganzzahliger Wert von Q herauskommt.

Eine wichtige Kenngröße eines Speicherrings ist die Luminosität L. Sie ist gegeben durch die Gleichung

$$N_s = \sigma \cdot L \qquad (4.20)$$

wobei N_s = Zahl der Reaktionen eines bestimmten Typs pro Zeit, σ = Wirkungsquerschnitt für diesen Reaktionstyp.

Die Luminosität läßt sich aus den Eigenschaften des Speicherrings berechnen. Der einfachste Fall ist die Speicherung von Teilchen zusammen mit ihren Antiteilchen (Elektron-Positron bzw. Proton-Antiproton). Beide Teilchensorten laufen in einem gemeinsamen Führungsfeld in entgegengesetzten Richtungen um. Füllt man von jeder Teilchensorte je ein Paket mit N_+ bzw. N_- Teilchen in den Speicherring, so gibt es zwei Kollisionspunkte in der Maschine. In jedem stoßen die Teilchenpakete $f = c/C$ mal pro Sekunde frontal zusammen (C = Umfang der Maschine). Die Luminosität in einem Kollisionspunkt ist dann

$$L = \frac{N_+ \cdot N_- \cdot f}{A}, \qquad (4.21)$$

wobei A = Kollisionsquerschnitt der beiden Teilchenpakete.

Infolge der Betatronschwingungen haben die Teilchen Ablagen in horizontaler (x) und vertikaler (z) Richtung von der Sollbahn. Diese Ablagen sind ungefähr gaußisch verteilt. Sind im Wechselwirkungspunkt die Standard-Abweichungen σ_x^* und σ_z^*, so folgt A aus einem Faltungsintegral:

$$A = 4\pi \sigma_x^* \sigma_z^*$$

Die Strahlgröße $2\sigma_x^*$ bzw. $2\sigma_z^*$ im Wechselwirkungspunkt ist gegeben durch

$$\sigma_z^* = \sqrt{\epsilon_z \beta_z^*} \qquad \sigma_x^* = \sqrt{\epsilon_x \beta_x^*}$$

Dabei ist ϵ_z und ϵ_x die vertikale bzw. horizontale Strahlemittanz, eine charakteristische Invariante der Maschine, und β_z^* und β_x^* die β-Funktionen im Wechselwirkungspunkt. Man könnte denken, daß man die Luminosität durch Wahl großer Werte von N_+, N_- und Wahl kleiner Werte von β_x^*, β_z^* beliebig groß machen kann. Dies geht natürlich nicht, da die (geometrischen) Gegebenheiten eines baubaren Speicherrings sowie unzählige Instabilitäten es verhindern.

Es sei hier noch auf eine Besonderheit von Elektronen-Speicherringen eingegangen. Die Elektronen emittieren auf ihren gekrümmten Bahnen in den Magnetfeldern des Speicherrings wie jede beschleunigte Ladung elektromagnetische Strahlung[1]). Diese wird Synchrotronstrahlung genannt. Die in der Synchrotronstrahlung auftretende Leistung kann beträchtlich sein. Die dem Elektronenstrahl dadurch verlorengehende

---

[1]) Der Effekt ist für Protonen wegen ihrer großen Masse vernachlässigbar klein.

Leistung ist

$$P = c \cdot N^{\pm} \cdot C_\gamma E^4/(2\pi R^2),$$

wobei $C_\gamma = (4\pi/3) \cdot (r_e/(m_e c^2)^3) = 8{,}85 \cdot 10^{-5}$ m GeV^{-3} E = Strahlenenergie,
R = Krümmungsradius. Sie muß durch HF-Beschleunigungsstrecken ersetzt werden. Diese sind wie ein Stück Linearbeschleuniger, welches man in den geraden Stücken des Speicherrings unterbringt. Ein Speicherring mit Ablenk- und Fokussierungsfeldern und Hochfrequenzbeschleunigungsstrecken ist in der Lage, den gespeicherten Teilchenstrahl zu beschleunigen – man sagt wohl besser: die Energie der Teilchen zu erhöhen. Wählt man die technischen Parameter so, daß die Beschleunigung in kurzen Zeiten vor sich gehen kann, so hat man ein Synchrotron. In ein Synchrotron werden die Teilchen mit einer bestimmten Mindestenergie (> einige % der Endenergie) eingeschlossen. Dazu kann ein Linearbeschleuniger oder ein kleines (Booster-)Synchrotron dienen. Dann werden die Teilchen in den HF-Strecken beschleunigt und die Magnetfelder entsprechend dem Energiezuwachs erhöht. Bei Erreichen der Endenergie werden die Teilchen durch gepulste magnetische Felder aus der Maschine ausgelenkt. Danach werden die Magnete auf die der Einschußenergie entsprechenden Werte heruntergefahren, und ein neuer Beschleunigungszyklus beginnt. Die Dauer solcher Beschleunigungszyklen kann je nach Bauart der Maschine 20 ms bis 20 s betragen. Die größten Synchrotrons der Welt sind die Maschinen am Fermi-Nationallaboratorium in Batavia, Ill., USA und am CERN in Genf. Die Maschine in Genf hat einen Ringdurchmesser von 2,2 km und kann Protonen auf eine Energie von 450 GeV bringen.

5 Die elementaren Teilchen und ihre Wechselwirkungen

5.1 Fermionen und Bosonen

In Abschn. 1.2 wurde ausgeführt, daß Teilchen einen Eigendrehimpuls (Spin) haben können. Die Größe des Spins J kann nach den Gesetzen der Quantenmechanik nur halb- oder ganzzahlige Vielfache von $\hbar$ betragen.
Man unterscheidet (n, m = ganze Zahlen)
B o s o n e n $J = 0, \hbar, 2\hbar, \ldots$ allg. $n\hbar$.
Der Spin ist ein ganzzahliges Vielfaches von $\hbar$.
F e r m i o n e n $J = 1/2\hbar, 3/2\hbar, 5/2\hbar, \ldots$ allg. $(m + 1/2)\hbar$.
B o s o n e n gehorchen der Bose-Einstein-Statistik: Die Wellenfunktion eines Systems mit zwei identischen Bosonen muß symmetrisch sein bei Vertauschung der beiden Bosonen: Bezeichnen 1, 2 symbolisch die jeweiligen Variablen der beiden Bosonen Nr. 1 und 2, so muß für die Wellenfunktion gelten

$$\psi(1, 2) = \psi(2, 1). \tag{5.1}$$

F e r m i o n e n gehorchen der Fermistatistik: Die Wellenfunktion eines Systems mit zwei identischen Fermionen muß antisymmetrisch sein bei Vertauschung der beiden Fermionen:

$$\psi(1, 2) = -\psi(2, 1) \tag{5.2}$$

Hieraus folgt z. B., daß in einem Atom zwei Elektronen nicht in genau demselben Quantenzustand sein können (d. h. dieselben Quantenzahlen haben können), weil die Elektronen Spin 1/2 haben, folglich Gl. (5.2) gehorchen. Haben die beiden Elektronen gleiche Quantenzahlen, so ist $\psi(1, 2) = \psi(2, 1)$, da 1 und 2 identische Zustände bezeichnen, und dies ist mit Gl. (5.2) nur verträglich, falls $\psi(1, 2) \equiv 0$ ist. Dies erklärt u. a. den Schalenaufbau der Elektronenhülle der Atome.

Dieser Zusammenhang zwischen Spin und Statistik läßt sich aus allgemeinen Prinzipien der Quantenfeldtheorie herleiten [Na 86].

Stoßen zwei Teilchen zusammen, so kann ihre kinetische Energie benutzt werden, um neue Teilchen zu erzeugen. Beispiel[1])

$$p + p \rightarrow p + p + \pi^0$$

Der bei solchen Reaktionen auftretende Bahndrehimpuls L kann nach den Gesetzen der Quantenmechanik nur ganzzahlige Vielfache von $\hbar$ betragen. Deshalb können bei solchen Stößen Fermionen nicht **e i n z e l n** erzeugt werden, weil dies der Drehimpulserhaltung widersprechen würde. Aus demselben Grund können Fermionen einzeln nicht verschwinden (ein Fermion kann sich natürlich in 1, 3, 5, ... andere Fermionen verwandeln, ohne daß es der Drehimpulserhaltung widerspricht). Bosonen dagegen können einzeln erzeugt werden. In diesem Sinn nehmen Fermionen eine ausgezeichnete Stellung ein.

5.2 Die fundamentalen Fermionen: Leptonen und Quarks

Es ist eine Hypothese der Physik, die sich bisher als sehr fruchtbar erwiesen hat, daß man sich die ganze Materie aus wenigen Sorten elementarer Teilchen aufgebaut denken kann. Nach dem heutigen Stand unseres Wissens sind diese elementaren Teilchen Fermionen. Sie haben Spin $1/2\,\hbar$. Sie lassen sich in die zwei folgenden Klassen einteilen:

(i) Leptonen[2])
(ii) Quarks[3])

L e p t o n e n haben schwache und, sofern sie geladen sind, elektromagnetische Wechselwirkung, aber keine starke.

Q a r k s haben starke, elektromagnetische und schwache Wechselwirkung (s. Übersicht Tab. 5.1).

---

[1]) p = Proton, π^0 = neutrales Pion, s. Abschn. 1.3.
[2]) griechisch lepto ... zart, dünn.
[3]) Das Wort Quark geht auf Gell-Mann zurück, der es dem Roman „Finnegans Wake" von James Joyce entnahm (The Viking Press, New York, 1959, S. 383).

5.2 Die fundamentalen Fermionen: Leptonen und Quarks

Tab. 5.1 Wechselwirkung der elementaren Fermionen

	Wechselwirkung			
	stark	elektromagnetisch	schwach	Gravitation
Lepton	nein	ja, falls geladen	ja	ja
Quark	ja	ja	ja	ja

Tab. 5.2 gibt eine Übersicht über die Leptonen und Quarks.

Tab. 5.2 Leptonen und Quarks

Generation	Leptonen		Ladung[1] Q	Masse in MeV/c^2	Lebensdauer in s	Quarks		Ladung[1] Q
1	Elektron-Neutrino	ν_e	0	< 46 eV	–	up-Quark	u	2/3
	Elektron	e^-	–1	0,511	> $2 \cdot 10^{22}$ Jahre	down-Quark	d	–1/3
2	Muon-Neutrino	ν_μ	0	< 0,25	–	Charme-Quark	c	2/3
	Muon	μ^-	–1	105,66	$2{,}199 \cdot 10^{-6}$	seltsames Quark	s	–1/3
3	Tau-Neutrino[3]	ν_τ	0	< 70	–	top-Quark	t[2]	2/3
	Tau	τ^-	–1	1784	$3{,}3 \cdot 10^{-13}$	bottom-Quark	b	–1/3

[1]) in Einheiten der Elementarladung
[2]) hypothetisch
[3]) nicht direkt nachgewiesen

Die Tabelle zeigt folgendes:

(i) Es gibt sechs Leptonen, nämlich drei Paare von jeweils einem geladenen Lepton (Elektron, Muon, Tau) und seinem zugehörigen Neutrino. Die geladenen Leptonen sind nach zunehmender Masse geordnet. Für die Neutrinomassen sind nur obere Grenzen bekannt – die Massen sind sehr klein oder möglicherweise null. Die Leptonen werden in Abschn. 8.1 näher beschrieben.

(ii) Analog zu den Leptonen kann man auch die Quarks in Paaren anordnen, wobei sich wieder zwischen den zwei Teilchen eines Paares eine Ladungsdifferenz $\Delta Q = 1$ ergibt. Ordnet man die Paare wieder nach ansteigender Masse, so ergibt sich die Zuordnung zu den Lepton-Paaren nach Tab. 5.2.

(iii) Ob diese Zuordnung der Quark-Paare zu den Leptonpaaren nach den Generationen von Tab. 5.2 eine Spielerei ist oder einen tieferen Sinn hat, ist nicht bekannt. Akzeptiert man das Schema, so hat es auf der Quarkseite eine Lücke: Falls es vollständig wäre, würde man in der dritten Generation ein sehr schweres Quark mit Ladung 2/3 erwarten (t-Quark). Ein solches Quark wurde bisher nicht gefunden. Man kennt also bisher nur fünf Quarks. Falls das sechste Quark gefunden wird, wäre das zweifellos ein Hinweis auf die physikalische Bedeutsamkeit der Gruppierung der Quarks in Paare und in Generationen.

(iv) Ein überwältigendes experimentelles Material spricht dafür, daß die Quarks die Bausteine der Teilchen mit starker Wechselwirkung (Hadronen) sind, nämlich: (1) Die Systematik und die Eigenschaften der Hadronen (Abschn. 6), (2) die Experimente zur tief unelastischen Lepton-Nukleon-Streuung (Abschn. 10), (3) die Systematik der Quarkonium-Zustände (Abschn. 7). Es ist aber noch nicht gelungen, Quarks als freie Teilchen zu produzieren und ihre Eigenschaften wie Masse und Ladung direkt zu bestimmen. Möglicherweise werden die Kräfte zwischen Quarks bei großen Abständen so stark, daß es nicht gelingt, sie auseinander zu reißen und isolierte Quarks zu produzieren. Aus Massen der aus Quarks zusammengesetzten Hadronen kann man ungefähre Werte für die „Masse" der Quarks ableiten: u, d-Quark sehr leicht (~ 0.1 GeV/c^2), s-Quark $\sim 0,5$ GeV/c^2, c-Quark $\sim 1,5$ GeV/c^2, b-Quark ~ 5 GeV/c^2 (s. Abschn. 6 und 7).

5.3 Antiteilchen

Zu jedem Teilchen existiert ein Antiteilchen. Teilchen und Antiteilchen haben genau dieselbe Masse und, falls sie instabil sind, dieselbe mittlere Lebensdauer. Sie haben denselben Spin und Isospin und dieselbe Eigenparität. Sie haben entgegengesetzte Werte der additiven Quantenzahlen, also entgegengesetzte Ladung, Baryonzahl, 3-Komponente des Isospins, Seltsamkeit, Charme, Fermionzahl. Die Orientierung zwischen Spin und magnetischem Moment ist bei Teilchen und Antiteilchen entgegengesetzt.

Daß Antiteilchen mit diesen Eigenschaften existieren müssen, ist ein bedeutendes exaktes Ergebnis der relativistischen Quantentheorie. Auf relativ elementarem Niveau ist das Ergebnis für das Elektron (und damit für das Muon und das Tau) erhältlich, wenn man von der Dirac-Gleichung ausgeht, welche das Elektron beschreibt. Diese Gleichung hat Lösungen, die identisch zu denen eines freien Elektrons sind, aber eine negative Energie besitzen. Diese Lösungen können in konsistenter Weise als Antiteilchen des Elektrons gedeutet werden.

Es sind zu den meisten Teilchen die Antiteilchen experimentell gefunden worden, und man hat keinen Anlaß, daran zu zweifeln, daß es zu jedem Teilchen ein Antiteilchen gibt. Dies ist eine nichttriviale Bestätigung der Theorie (s. die Beispiele in Tab. 5.3).

Das erste Antiteilchen, welches entdeckt wurde, war das Positron. Anderson [An 32] beobachtete 1932 in einer Nebelkammeraufnahme ein Elektron, welches im Magnetfeld der Kammer falsch herum, also entsprechend einer positiven Ladung abgelenkt wurde. Der beobachtete Energieverlust in einer Bleiplatte in der Kammer machte die

5.3 Antiteilchen

Tab. 5.3 Beispiele von Antiteilchen

Teilchen		Ladung	Antiteilchen		Ladung
Elektron	e^-	−1	Positron	e^+	+1
Proton	p	+1	Antiproton	$\bar{p}$	−1
Neutron	n	0	Antineutron	$\bar{n}$	0
Pion	π^+	+1	Pion	π^-	−1
Pion	π^-	−1	Pion	π^+	+1
Muon	μ^-	−1	(Anti)Muon	μ^+	+1
⋮			⋮		

Laufrichtung des Teilchens eindeutig, und er hatte auch sichergestellt, daß seine Studenten nicht aus Jux die Stromversorgung des Magneten umgepolt hatten.

Positronen erzeugt man am einfachsten durch Paarerzeugung mit Photonen hoher Energie:

$$\gamma + A \to A + e^+ + e^-.$$

Fig. 5.1 zeigt ein Beispiel.

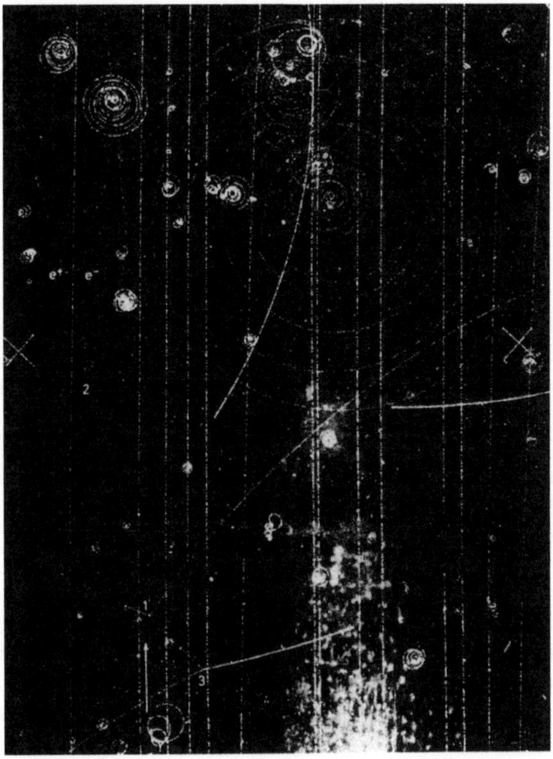

Fig. 5.1
Annihilation eines Antiprotons in der 80 cm Wasserstoff-Blasenkammer des CERN. Die parallelen Spuren stammen von einem Antiprotonstrahl von 5.8 GeV/c Impuls, der vom 25 GeV-Proton-Synchrotron des CERN erzeugt wurde. Bei 1 (Pfeil) annihiliert ein Antiproton mit einem Proton der Blasenkammer und erzeugt 5 Pionen: $p + \bar{p} \to \pi^+ \pi^+ \pi^- \pi^- \pi^0$. Eines der geladenen Pionen macht bei 3 eine sekundäre Wechselwirkung. Das π^0 (unsichtbar) zerfällt $\pi^0 \to \gamma + \gamma$, eines der Photonen erzeugt bei 2 ein e^+e^--Paar. – Die Teilchen bewegen sich im Magnetfeld der Kammer auf Spiralen (vergl. Gl. (4.3)) [Co 64]

Die Frage der Existenz des Antiprotons beschäftigte die Gemüter so stark, daß man, als der Bau eines neuen großen Teilchenbeschleunigers in Berkeley, Kalifornien, beschlossen war, die (kinetische) Endenergie der Protonen dieses Beschleunigers auf 6,2 GeV festsetzte. Dies ist etwas über der Energieschwelle für die Erzeugung eines Antiprotons. Fig. 5.2 zeigt die experimentelle Anordnung, mit welcher Antiprotonen erstmals nachgewiesen wurden. Heute kann man Antiprotonen in Massen erzeugen und am CERN sind sie viele Stunden lang in Speicherringen gespeichert worden, was u. a. ihre Stabilität im Vakuum demonstriert.

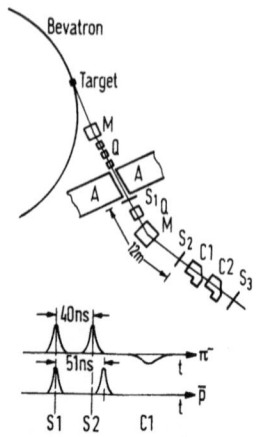

Fig. 5.2
Entdeckung des Antiprotons [Ch 55]. Der umlaufende Protonstrahl (6.2 GeV kinetische Energie) des Protonsynchrotrons in Berkeley (Bevatron) trifft auf ein Target. In den Stößen, welche die Protonen mit den Kernen des Targets machen, werden Hadronen erzeugt — meist Pionen und ein paar Antiprotonen. Das Verhältnis Pionen/Antiprotonen ist $\approx 44\,000/1$. Es ist die Kunst, die wenigen Antiprotonen aus der sehr großen Zahl von Pionen herauszufinden. Zwei Ablenkmagnete (M) und ein Quadrupol-Magnet-Triplett (Q) wählen Teilchen mit definiertem Impuls aus (P = 1,19 GeV/c) und fokussieren sie auf die Zähler S2, C1, C2, S3, die hinter der Abschirmmauer A aufgebaut sind. Ein Teilchen mit dem Impuls P und der Masse m hat die Geschwindigkeit $v = Pc^2/E = Pc/\sqrt{P^2 + m^2c^2}$. Hieraus rechnet man für die Flugstrecke zwischen den Szintillationszählern S1 und S2 eine Laufzeit von 40 ns für Pionen und von 51 ns für Protonen. Wegen des hohen $\pi/\bar{p}$-Verhältnisses ist es erforderlich, neben der Laufzeit eine zweite unabhängige Geschwindigkeitsmessung vorzunehmen. Dies geschieht in den Gascerenkovzählern C1 und C2, die nur Teilchen mit v/c > 0,79 bzw. 0,75 < v/c < 0,78 zählen. Da die Pionen v/c = 0,993 haben und die Antiprotonen v/c = 0,78, geben die Pionen nur in C1 Pulse, die Antiprotonen nur in Zähler C2. Die Figur zeigt die charakteristische Pulsfolge in den Zählern S1, S2, C1 für Pionen bzw. Antiprotonen

In Tab. 5.3 fungieren Neutron und Antineutron als verschiedene Teilchen. Wodurch unterscheiden sie sich, wo doch beide die Ladung null haben? Dazu ist erstens zu sagen, daß das Neutron nur nach außen hin elektrisch neutral ist, im Innern besitzt es jedoch eine komplizierte Ladungsstruktur. Dies äußert sich z. B. in der Existenz eines magnetischen Moments, welches beim Antineutron das entgegengesetzte Vorzeichen (bezogen auf die Richtung des Spinvektors) verglichen zum Neutron hat. Außerdem annihiliert das Antineutron mit einem Neutron (s. weiter unten).

Trotzdem — gibt es Teilchen, welche mit ihren eigenen Antiteilchen identisch sind? Die Antwort ist ja. Da Teilchen und Antiteilchen entgegengesetzte Werte der additiven Quantenzahlen haben, geht dies nur, wenn alle ihre additiven Quantenzahlen null sind. Beispiele sind π^0-Meson und Photon.

Was passiert, wenn ein Antiteilchen mit seinem Teilchen zusammentrifft? Definitionsgemäß hat dieses System alle additiven Quantenzahlen gleich null. Die beiden Teilchen können sich dann gegenseitig vernichten und in leichtere Teilchen übergehen — die dabei frei werdende Energie erscheint in der kinetischen Energie der bei der Verwandlung neu auftretenden Teilchen. Einen solchen Prozeß nennt man Annihilation. Eine Annihilation kann direkt oder indirekt in lauter Photonen erfolgen. In diesem Fall hat sich Materie vollständig in (strahlende) Energie verwandelt.

5.3 Antiteilchen

Beispiel: Annihilation des Positrons mit einem Elektron (s. Abschn. 2.8)

$$e^+e^- \to \gamma\gamma.$$

In Fig. 5.3 sind Proton und Antiproton gegenübergestellt. Das Antiproton annihiliert mit einem Proton, wobei meist mehrere Pionen entstehen, Fig. 5.1 zeigt ein Beispiel einer solchen Reaktion.

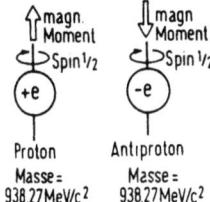

Fig. 5.3 Proton und Antiproton. e = Elementarladung

Angenommen, man könnte eine Welt aus Antimaterie bilden, zusammen mit Antimenschen. Würden sie dieselben Naturgesetze finden wie wir? Für die elektromagnetische Wechselwirkung ist der Fall klar. Die elektrischen Kräfte zwischen einem Elektron und Proton sind genau dieselben wie zwischen einem Positron und Antiproton. Man könnte also ein Antiwasserstoffatom machen mit genau derselben Größe, Bindungsenergie, und demselben Termschema wie ein normales Wasserstoffatom. Man kann deshalb auch durch Beobachtung von Sternspektren nicht feststellen, ob ferne Sterne aus Materie oder Antimaterie bestehen[1]).

Ebenso ändern sich die Kräfte der starken Wechselwirkung nicht, wenn man alle Teilchen in ihre Antiteilchen verwandelt. Es sind z. B. Anti-Atomkerne als Gegenstücke der normalen Atomkerne beobachtet worden [Bu 80], [Bo 79].

Hingegen zeigen die Experimente, daß die schwache Wechselwirkung zwischen Antiteilchen anders ist als zwischen Teilchen. Man kann also anhand der schwachen Wechselwirkung Teilchen und Antiteilchen im Prinzip unterscheiden. Wenn man das e^- als Teilchen bezeichnet, dann kann man aufgrund seiner schwachen Wechselwirkung zeigen, daß das μ^- das Teilchen, das μ^+ das Antiteilchen ist und nicht umgekehrt. Für das Tau ist es ebenfalls sehr wahrscheinlich, daß das τ^- das Teilchen ist.

Zum Schluß folgt der Vollständigkeit halber noch Tab. 6.4 der Anti-Elementarteilchen – die Antitabelle zu 5.2.

Tab. 5.4 Die elementaren Anti-Fermionen

Generation	Anti-Leptonen		Ladung	Anti-Quarks		Ladung
1	Anti-e-Neutrino	$\bar{\nu}_e$	0	Anti-u-Quark	$\bar{u}$	$-2/3$
	Positron	e^+	+1	Anti-d-Quark	$\bar{d}$	$1/3$
2	Anti-μ-Neutrino	$\bar{\nu}_\mu$	0	Anti-c-Quark	$\bar{c}$	$-2/3$
	Muon	μ^+	+1	Anti-s-Quark	$\bar{s}$	$1/3$
3	Anti-τ-Neutrino	$\bar{\nu}_\tau$	0	Anti-t-Quark (hypothetisch)	$\bar{t}$	$-2/3$
	Tau	τ^+	+1	Anti-b-Quark	$\bar{b}$	$1/3$

---

[1]) Daß das Universum, wenigstens in unserer Umgebung, aus normaler Materie besteht, weiß man, weil die Teilchen der kosmischen Strahlung aus normaler Materie bestehen, und weil man keine charakteristische γ-Strahlung aus der $\bar{p}p$-Annihilation im Weltall beobachtet hat.

5.4 Aufbau der Hadronen

Unter der Bezeichnung H a d r o n e n[1]) faßt man alle Teilchen zusammen, welche starke Wechselwirkung besitzen und als freie Teilchen beobachtet werden können. Die Hadronen lassen sich in die beiden folgenden Klassen einteilen:

(i) M e s o n e n Sie haben ganzzahligen Spin (0, 1, 2, . . .) und sind folglich Bosonen. Beispiel: Pion

(ii) B a r y o n e n[2]) Sie haben halbzahligen Spin (1/2, 3/2, . . .) und sind folglich Fermionen. Beispiel: Nukleon

Nach dem heutigen Stand unserer Kenntnisse sind die Hadronen aus Quarks zusammengesetzt.

Aufbau der Baryonen Das Proton ist das leichteste Baryon. Experimente zeigen, daß es eine Lebensdauer von mindestens 10^{31} Jahren hat (zum Vergleich: Weltalter $\sim 10^{10}$ Jahre).

Zerfälle des Protons wie

$$p \rightarrow e^+ \pi^0,$$

die sonst keinem Erhaltungssatz widersprechen, kommen also nicht oder nur mit (bisher) unmeßbar kleiner Häufigkeit vor. Man beschreibt diesen empirischen Sachverhalt durch Einführung eines Erhaltungssatzes:

Man gibt den Baryonen die Baryonzahl B = +1, den Antibaryonen die Baryonenzahl B = −1, alle anderen Teilchen erhalten B = 0.

Der Baryonerhaltungssatz lautet dann:

Bei jeder Reaktion bleibt die Summe der Baryonzahlen der beteiligten Teilchen erhalten.

Dieser Satz „verhindert" den Zerfall des Protons. Alle anderen Baryonen sind instabil, aber sie können sich nur in andere (leichtere) Baryonen verwandeln, und ihr Zerfall führt direkt oder indirekt zuletzt auf das Proton.

Ist das Proton ein elementares Teilchen? Dagegen sprechen vor allem Streuexperimente von Elektronen an Protonen (s. Abschn. 10). Die Experimente zeigen, daß das Proton eine Struktur und eine räumliche Ausdehnung von etwa $0.8 \cdot 10^{-13}$ cm hat. Diese Länge ist groß, wenn man bedenkt, daß man bei Streuexperimenten von Elektronen aneinander bis herab zu etwa 10^{-16} cm keine Ausdehnung des Elektrons hat sehen können (s. Abschn. 8).

Das Proton ist also ein komplexes Teilchen. Versucht man einen Aufbau aus Quarks, so ist wegen des Spins 1/2 des Protons klar, daß es aus einer ungeraden Zahl von Quarks bestehen muß – die einfachste Möglichkeit ist 3.

---

[1]) griechisch $\alpha\delta\rho o\sigma$ = groß, stark.
[2]) griechisch $\beta\alpha\rho\upsilon\sigma$ = schwer.

Das Proton besteht – dies zeigt die Systematik der Baryonen (Abschn. 6) und Streumessungen mit Leptonen (Abschn. 10) – in der Tat aus drei Quarks[1]). Jedes dieser Quarks besitzt also die Baryonzahl 1/3. Alle anderen Baryonen bestehen ebenfalls aus drei Quarks – diese einfachste Annahme wird sich als ungeheuer erfolgreich erweisen – s. Abschn. 6.

Um Neutron und Proton, die beiden leichtesten Baryonen, zu machen, braucht man zwei Quarksorten (u und d) verschiedener elektrischer Ladung (Q_u und Q_d). Das Quarkmodell muß aber nicht nur Proton und Neutron erklären können, sondern auch die anderen Baryonen. Das nächst schwerere Baryon mit Seltsamkeit S = 0 ist die Nukleonresonanz $\Delta(1236)$. Dies ist ein sehr auffallender Teilchenzustand, der z. B. beim Beschuß von Nukleonen mit Pionen erzeugt werden kann (s. Abschn. 6). Die Δ-Resonanz hat eine Masse von etwa 1236 MeV/c² und zerfällt sofort in ein Nukleon und ein Pion. Dabei zeigt sich, daß es vier Ladungszustände des Δ gibt:

$$\Delta^{++} \to p\pi^+ \qquad \Delta^0 \to p\pi^- \text{ oder } n\pi^0$$
$$\Delta^+ \to p\pi^0 \text{ oder } n\pi^+ \qquad \Delta^- \to n\pi^-$$

Mehr als vier Ladungszustände wurden nie bei einem Baryon beobachtet. Die Zahl vier ist die Zahl von Ladungskombinationen, die man mit drei Quarks aus zwei Sorten verschiedener Ladung bilden kann. Die beiden Zustände mit der größten positiven bzw. negativen Ladung bestehen folglich aus je drei Quarks der Sorte u bzw. d, also ist

$$Q_u = 2/3 \qquad Q_d = -1/3$$

Die Quark-Zusammensetzung von Proton und Neutron ist dann:

$$p \stackrel{\wedge}{=} uud \qquad n \stackrel{\wedge}{=} ddu$$

Die Quarkladungen sind nicht ganzzahlig. Diese Konsequenz läßt sich nach dem obigen Argument nicht vermeiden[2]). Die Differenz $Q_u - Q_d = 1$, und damit erscheinen bei der Kombination von drei Quarks und von Quark und Antiquark stets Hadronen ganzzahliger Ladung, wie es sein muß.

Aufbau der Mesonen Mesonen haben Baryonzahl B = 0. Hieraus folgt, daß sie aus der gleichen Zahl von Quarks und Antiquarks zusammengesetzt sein müssen. Der Spin eines solchen Systems ist automatisch ganzzahlig. Die einfachste Möglichkeit ist der Aufbau aus einem Quark und einem Antiquark. Mit dieser einfachsten Annahme hat man erfolgreich die Systematik aller gefundenen Mesonen beschreiben können.

Zusammenfassung Hadronen sind aus drei Quarks, Mesonen aus einem Quark und einem Antiquark zusammengesetzt (Fig. 5.4 und 5.5).

---

[1]) Dies ist eine vereinfachende Darstellung, welche den Quark-Antiquark-See vernachlässigt, s. Abschn. 10.
[2]) Man kann allerdings Schemata mit Quarks ganzzahliger Ladung aufstellen, dieselben werden jedoch zu sehr komplizierten Ausreden gezwungen, um die Experimente zu „erklären", welche die 1/3-zahligkeit der Quarkladung stützen (s. Abschn. 7.2 und 10, sowie [Cha 80]).

70 5 Die elementaren Teilchen und ihre Wechselwirkungen

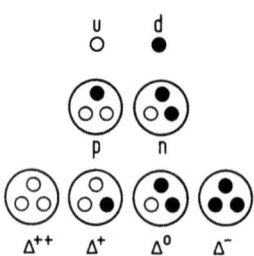

Fig. 5.4 Aufbau des Nukleons (Proton p und Neutron n) sowie der Δ-Resonanz aus je drei u- bzw. d-Quarks. Das u-Quark hat Ladung 2/3, das d-Quark Ladung $-1/3$

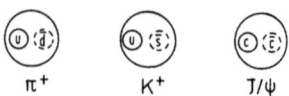

Fig. 5.5 Aufbau von Mesonen aus je einem Quark und Antiquark. Hierbei bedeuten $\bar{d}$ = Anti-d-Quark, $\bar{s}$ = Anti-s-Quark, c, $\bar{c}$ = Charme-, Anticharmequark

Rolle der c, s, b-Quarks Die experimentelle Entdeckung von Hadronen mit Quantenzahlen, welche sie von der normalen Kernmaterie (also Proton und Neutron) unterscheiden, hat die Einführung der Quarksorten c, s, b erforderlich gemacht, damit man diese Hadronen mit den Quantenzahlen S (Seltsamkeit), C (Charme) und B ebenfalls aus Quarks darstellen kann. Dies wird in Abschn. 6 weiter erklärt.

5.5 Die fundamentalen Wechselwirkungen und Feldquanten

Als Wechselwirkung bezeichnet man jeden Einfluß, welcher den Zustand (z. B. Impuls, Identität) eines Teilchens verändern kann.

Man kann die Wechselwirkung zwischen den Elementarteilchen in die folgende Kategorien einteilen:

(i) starke Wechselwirkung
(ii) elektromagnetische Wechselwirkung
(iii) schwache Wechselwirkung
(iv) Gravitation

Gravitation Sie wird im folgenden nicht weiter betrachtet, da ihre Auswirkungen i. allg. vernachlässigbar sind.

Elektromagnetische Wechselwirkung Das Kraftgesetz zwischen zwei Ladungen hat zunächst Ähnlichkeit mit dem der Gravitation. Aber hier blieb man nicht bei dem Fernwirkungsbild des Newtonschen Gravitationsgesetzes stehen. Ein entscheidender Schritt war die Einführung des Feldbegriffs: Die Anwesenheit einer Ladung modifiziert die Eigenschaften des Raumes in ihrer Umgebung. Dieses wird durch die Einführung der elek-

5.5 Die fundamentalen Wechselwirkungen und Feldquanten

trischen Feldstärke einer Ladung beschrieben. Die Kraftwirkung einer Ladung auf eine andere kann nun durch die Wirkung des Feldes beschrieben werden, welches die eine Ladung am Ort der anderen Ladung erzeugt. Hier ist die Newtonsche Vorstellung der Fernwirkung zwischen zwei Körpern durch die Nahwirkung des Feldes auf eine Ladung an derselben Stelle ersetzt.

Mit der Einführung der Quantenmechanik mußte man Quantenüberlegungen auch für das elektromagnetische Feld anstellen. Die Quantisierung des elektromagnetischen Wellenfeldes in einem Hohlraum (Max Planck 1900) bildete ja überhaupt den historischen Ausgangspunkt der Quantentheorie. Überlegungen, die auf dem Boden der formalen Gesetze der Quantenmechanik stehen, führen zur Quantenelektrodynamik. Das Feld wird quantisiert und in dieser Form durch Lichtquanten beschrieben. Die Kraft zwischen zwei Ladungen kommt im quantenmechanischen Bild zustande durch Austausch von Lichtquanten zwischen den beiden Ladungen (Emission eines Quants durch eine Ladung und Absorption durch die andere). In der klassischen Beschreibung gäbe ein solcher Mechanismus natürlich stets Abstoßung, aber nicht in der Quantenmechanik. Man ist hier an der Grenze der Beschreibungsmöglichkeit durch klassische Bilder angelangt. Insbesondere muß man beachten, daß die ausgetauschten Lichtquanten einen Vierer-Energieimpulsvektor besitzen, der nicht dem eines freien Teilchens, sondern einem Teilchen mit negativen Massenquadrat entspricht. Man nennt solche Teilchen „virtuelle Teilchen".

Fig. 1.4 zeigt schematisch diese historische Entwicklung. Fig. 5.6a zeigt nochmals, wie in erster Näherung (Austausch nur eines Photons) die Kraft zwischen zwei Elektronen zustandekommt. Dieses Diagramm, nach seinem Erfinder Feynman-Diagramm benannt, läßt sich nach formalen Regeln („Feynman-Regeln") in eine Formel zur Berechnung des Elektron-Elektron-Streuwirkungsquerschnitts verwandeln. Dieser Algorithmus ersetzt also die Coulomb-Gleichung (die übrigens in diesem Beispiel in erster Näherung und für kleine Winkelablenkungen zu derselben Wirkungsquerschnittformel führt). Diese neue Formulierung der elektromagnetischen Wechselwirkung, genannt Quantenelektrodynamik (QED), ist einer rigorosen experimentellen Prüfung unterzogen worden (s. Abschn. 8), und sie hat sich bisher in allen Fällen als richtig erwiesen. In diesem Sinne kann man sagen, daß die elektromagnetische Wechselwirkung verstanden ist.

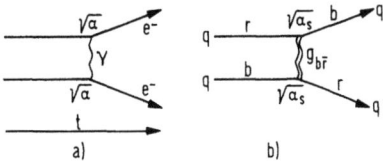

Fig. 5.6 Wechselwirkung zwischen zwei Fermionen durch Austausch von Feldquanten
a) Elektromagnetische Kraft zwischen zwei Elektronen durch Austausch eines Photons (γ). Die Kopplungskonstante ist $\sqrt{\alpha} = \sqrt{e^2/4\pi\epsilon_0 \hbar c}$, die zugrundeliegende Theorie ist die Quantenelektrodynamik (QED)
b) Starke Wechselwirkung zwischen zwei Quarks durch Austausch eines Gluons (g). Die Kopplungskonstante ist $\sqrt{\alpha_s}$, die zugrundeliegende Theorie ist die Quantenchromodynamik (QCD). Bei diesem Elementarprozeß werden Farbladungen (z.B. r, b) ausgetauscht

P h o t o n. Dies ist das Feldquant der elektromagnetischen Wechselwirkung. Absorption und Emission elektromagnetischer Strahlung erfolgt stets in diskreten Energieschritten der Größe

$$E = h\nu = \hbar\omega$$

(h = Plancksche Konstante, ν = Frequenz der zugehörigen Lichtquelle, $\hbar = h/2\pi$, $\omega = 2\pi\nu$).

Bei der Absorption eines freien Photons wird der Impuls

$$P = \frac{E}{c}$$

übertragen, da das Photon die Masse Null hat[1]).
Bei der Absorption und Emission eines Photons wird der Drehimpuls J = 1 übertragen[2]). Im Gegensatz zu einem Teilchen mit Masse mit Spin 1 hat das Photon aber nur zwei mögliche Einstellmöglichkeiten des Spins: Parallel bzw. antiparallel zur Flugrichtung, entsprechend rechts- bzw. links-zirkular polarisiertem Licht. Dies hängt mit der Ruhemasse null zusammen und mit dem Vektorcharakter des elektromagnetischen Feldes. Die Erklärung dieses Sachverhalts ist Lehrbüchern der Quantenmechanik vorbehalten.

Das Photon als v i r t u e l l e s Teilchen kommt in der Fig. 5.6a vor. Bei diesem Beispiel der elastischen Streuung eines Elektrons ändert das Elektron im Schwerpunktsystem seine Energie nicht, also ist die in diesem System von dem ausgetauschten Photon transportierte Energie $\Delta E = 0$. Die Impulsänderung ist dagegen $|\vec{\Delta P}| = 2 \cdot P \cdot \sin \theta/2$ (P = Schwerpunktimpuls des Elektrons, θ = Streuwinkel). Diesen Impuls überträgt das Photon, seine invariante Masse m_γ ist also gegeben durch:

$$m_\gamma^2 = \frac{\Delta E^2}{c^4} - \frac{|\vec{\Delta P}|^2}{c^2} < 0(!).$$

Starke Wechselwirkung Die Nukleonen im Atomkern werden von starken Kräften zusammengehalten, sonst würde der Kern infolge der Coulomb-Abstoßung der Protonen auseinander fliegen. Das Argument läßt sich fortsetzen und gilt auch für die Quarks im Proton: Auch diese müssen durch starke Kräfte am Entweichen aus dem Proton gehindert werden. Die starke Wechselwirkung zwischen Quarks sucht man in Analogie zur elektromagnetischen Wechselwirkung zu erklären. Anstelle der elektrischen Ladung muß eine andersartige Art von Ladung treten, die als Quelle des starken Feldes dienen kann. Überlegungen beim Aufbau von Baryonen aus Quarks (s. Abschn. 6) und Messungen des totalen Annihilationsquerschnitts von Elektronen und Positronen (s. Abschn. 7)

---

[1]) Für die Masse des Photons kann man eine sehr kleine obere Schranke setzen, welche aus dem Abstandsgesetz statischer, elektrischer und magnetischer Felder folgt sowie aus der Beobachtung von Sternbedeckungen, wo kein Geschwindigkeitsunterschied von Licht unterschiedlicher Wellenlänge festgestellt wird.
[2]) siehe z. B. [Me 79].

5.5 Die fundamentalen Wechselwirkungen und Feldquanten

zeigen, daß jedes Quark einen inneren Freiheitsgrad hat, der ihm erlaubt, drei verschiedene Zustände anzunehmen. Diesen Freiheitsgrad nennt man „Farbe". Farbe kann drei Werte annehmen; um im Bild zu bleiben nennt man sie rot, blau, grün — dies sind die drei möglichen Zustände, die ein u, d, s, c oder b-Quark annehmen kann.

Man stellt nun die Hypothese auf, daß diese Farben für die starke Kraft die Rolle der elektrischen Ladung übernehmen. Im Gegensatz zur QED aber gibt es hier drei Sorten für die Ladung statt einer[1]). Man nennt diese Theorie der starken Wechselwirkung Quantenchromodynamik (QCD). Die Kraft kommt wie bei der QED durch Austausch von Teilchen (Feldquanten mit Spin 1) zustande. Man nennt diese Quanten der starken Wechselwirkung Gluonen (s. Fig. 5.6b).

Die QCD ist eine mathematisch sehr attraktive Theorie und bisher nicht im Widerspruch zum Experiment.

Es ist eines der vermuteten, aber noch nicht rigoros bewiesenen Ergebnisse der Theorie, daß in den Hadronen (Mesonen, Baryonen) nur solche Kombinationen von Farbladungen erscheinen, daß das Ding nach außenhin „farbneutral"[2]) erscheint.

Da die Hadronen keine globale Farbladung haben, die Gluonkräfte aber an den Farbladungen angreifen, wirken auf die Hadronen auf große Entfernung keine Gluonkräfte. Das würde erklären, warum sich die Hadronen aus der Sklaverei der Farbkräfte befreien und als freie Teilchen auftreten können. Erst wenn sich zwei Hadronen so nahe kommen, daß sich die Quark- und Gluonwolken überlappen, treten Kräfte auf — Analogie zur Van der Waalskraft zwischen Atomen. Die kurze Reichweite der Kernwechselwirkung zwischen Nukleonen ist somit „erklärt" und ist eine indirekte Wirkung der Gluonkräfte. Für diese qualitativen Überlegungen fehlt allerdings bis jetzt noch eine quantitative Theorie.

Schwache Wechselwirkung Die schwache Wechselwirkung wurde erstmals beim β-Zerfall beobachtet und untersucht. An der Elementarreaktion des Neutronzerfalls

$$n \to pe^- \bar{\nu}_e$$

sieht man zwei auffallende Eigenschaften, in denen sich die schwache Wechselwirkung von der starken unterscheidet: Der Zerfall ist sehr langsam, verglichen mit der Rate, die man auf Grund der elektromagnetischen oder starken Wechselwirkung erwartet. Dies zeigt, daß die schwache Wechselwirkung wirklich um viele Größenordnungen schwächer ist als die starke.

Der Zerfall verletzt außerdem die Invarianz unter Raumspiegelung (s. Abschn. 9.5).

Die schwache Wechselwirkung verknüpft jeweils zwei Paare von Fermionen miteinander, doch sind die Paarungen nicht beliebig. Man unterscheidet die schwache Wechselwir-

---

[1]) Elektrische Ladung: +Q, −Q; Farbladung: r (rot), r̄ (antirot)/b, b̄/g, ḡ
[2]) Die Hadronen sind Singuletts, d. h. unter jeder SU(3) − Transformation, die auf die Farbindizes wirkt, geht diese Farbkombination in sich selbst über.

74 5 Die elementaren Teilchen und ihre Wechselwirkungen

kung von geladenen Strömen[1]) und von neutralen Strömen. Die Paare der geladenen Ströme für die Leptonen sind:

$$\begin{pmatrix}\bar{\nu}_e \\ e^-\end{pmatrix}, \begin{pmatrix}\bar{\nu}_\mu \\ \mu^-\end{pmatrix}, \begin{pmatrix}\bar{\nu}_\tau \\ \tau^-\end{pmatrix}.$$

Diejenigen der neutralen Ströme sind:

$$\begin{pmatrix}\bar{\nu}_e \\ \nu_e\end{pmatrix}, \begin{pmatrix}\bar{\nu}_\mu \\ \nu_\mu\end{pmatrix}, \begin{pmatrix}\bar{\nu}_\tau \\ \nu_\tau\end{pmatrix}, \begin{pmatrix}e^+ \\ e^-\end{pmatrix}, \begin{pmatrix}\mu^+ \\ \mu^-\end{pmatrix}, \begin{pmatrix}\tau^+ \\ \tau^-\end{pmatrix}.$$

Die Paarungen für die Quarks sind in Tab. 9.1 aufgeführt.

Versucht man die schwache Wechselwirkung ebenfalls durch Austausch eines Feldquants darzustellen, so wird ein solches Feldquant je zwei der oben angeführten Paare verkoppeln müssen. In Abschn. 9 wird gezeigt, daß ein solches Feldquant ein Vektor (Spin 1−) Teilchen ist, genau wie das Photon und Gluon. Der Neutronzerfall wäre durch Austausch eines geladenen Vektorteilchens W^- (Vektorboson) wie folgt darstellbar, Fig. 5.7.

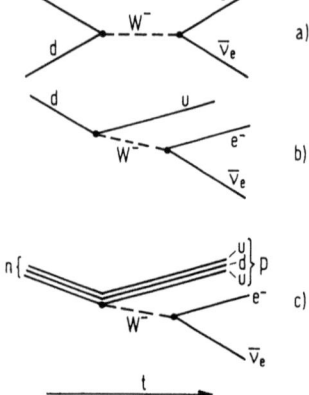

Fig. 5.7
Neutronzerfall
(a) Elementarreaktion. Das Quark-Antiquarkpaar $\bar{u}d$ wird durch das Vektorboson W^- (Quant der schwachen Wechselwirkung) mit dem Leptonpaar $e^- \bar{\nu}_e$ verknüpft
b) Nach den Gesetzen der Quantenmechanik entspricht dem Verschwinden des Anti-u-Quarks ($\bar{u}$) die Erzeugung eines u-Quarks. Die Diagramme a) mit der Reaktion $d\bar{u} \to W^- \to e^- \bar{\nu}_e$ und b) mit der Reaktion $d \to uW^- \to ue^- \bar{\nu}_e$ sind äquivalent
c) der Elementarreaktion b) werden ein u- und ein d-Quark hinzugefügt, die an der schwachen Wechselwirkung nicht teilnehmen. Man erhält damit im Anfangszustand ein Neutron, im Endzustand ein Proton

Den Ausdruck für die Zerfallswahrscheinlichkeit kann man nach den formalen Regeln für solche Diagramme berechnen. Diese Regeln sagen, daß die mittlere Lebensdauer T proportional zu M_W^4 ist (M_W = Masse des Vektor-Bosons (W-Boson)). Wegen Gl. (1.2) ist

$$T \cdot \Delta E \sim \hbar$$

---

[1] „Strom" deswegen, weil in der quantenmechanischen Formulierung die Ausdrücke analog zum elektromagnetischen Stromterm gebildet werden.

5.5 Die fundamentalen Wechselwirkungen und Feldquanten

Aus Dimensionsgründen folgt

$$T \approx K \cdot \hbar \, \frac{(M_W c^2)^4}{E^5},$$

wobei E eine charakteristische Energie des Neutronzerfalls und K eine dimensionslose Zahl ist. Nimmt man $E \sim 0{,}5$ MeV entsprechend der mittleren Energie des Neutrinos oder Elektrons, so folgt mit der Neutronlebensdauer von T = 898 s für die Masse des W-Bosons

$$M_W \approx \frac{1}{c^2} \cdot (T \cdot E^5 / \hbar K)^{1/4} \sim 450 \text{ GeV}/c^2 \quad \text{mit } K \approx 1.$$

Diese Dimensionsbetrachtungen können natürlich nur der Größenordnung nach richtig sein, da K Faktoren wie $4\pi, \sqrt{2}$ etc. enthalten kann.

Nach diesen Ausführungen erscheint das W-Boson zunächst nur als Hilfskonstruktion, welche die empirischen Gegebenheiten besonders übersichtlich darstellt, in Analogie zur QED und QCD ist. Es gibt jedoch weitere wichtige theoretische Gründe, die hier nicht näher ausgeführt werden können, welche die Einführung von Spin-1-Bosonen als Quant der schwachen Wechselwirkung nahelegen. Die einfachste und erfolgreichste Version einer solchen Theorie stammt von Weinberg und Salam. Sie sagt ein geladenes W-Boson (W^+ und W^-) mit einer Masse von etwa 80 GeV und ein neutrales Boson Z^0 mit einer Masse von etwa 90 GeV voraus. Das $W^\pm$-Boson vermittelt die geladenen, das Z^0-Boson die neutralen Strom-Reaktionen. Das Z^0-Boson hat dieselben Quantenzahlen wie das Photon. Man kann diese beiden Teilchen auf einen gemeinsamen Ursprung zurückführen, und hat damit die elektromagnetische und die schwache Wechselwirkung verknüpft.

Es ist offensichtlich, daß der experimentelle Nachweis dieser Teilchen die entscheidende Prüfung dieser Vorstellungen darstellt, und dies ist in der Tat mit Experimenten mit dem Proton-Antiprotonspeicherring am CERN gelungen (s. Abschn. 11).

Man hat damit ein überraschend einheitliches Bild: Die drei elementaren Kräfte werden je durch Spin-1-Teilchen (Vektorteilchen) vermittelt, die auf die elementaren Fermionen (Leptonen und Quarks) wirken.

Tab. 5.5 gibt eine Übersicht über die Wechselwirkungsarten.

Eine wichtige Eigenschaft hat die schwache Wechselwirkung: Nur sie kann durch W-Austausch (geladene Ströme) die Quarksorten u, d, s, c, b ineinander verwandeln, also z. B. ein u-Quark in ein d-Quark oder ein c- in ein s-Quark.

Warum? – Dies ist eine gute Frage.

Die Stabilität der Quarksorten bei der elektromagnetischen und starken Wechselwirkung kann heuristisch durch die Einführung einer neuen Quantenzahl für jede Quarksorte beschrieben werden (S, C, B), die bei diesen Wechselwirkungen erhalten ist.

Die Gravitation bleibt außen vor. Sie ist im Vergleich sehr schwach, z. B. ist die Gravitationskraft zwischen Elektron und Proton in einem Wasserstoffatom rund 10^{39} mal schwächer als die elektrische Kraft. Trotzdem überwiegen im Feld eines sehr dichten sehr schweren Sterns schlußendlich Gravitationseffekte alle anderen.

Tab. 5.5 Übersicht über die schwache, elektromagnetische und starke Wechselwirkung

Art der Wechselwirkung	Wirkt auf	Quant des Kraftfeldes (Spin = 1)	Ladung Q, Masse M des Feldquants	Beispiele
schwach	alle Fermionen (Leptonen und Quarks)	schweres Vektorboson $W^{\pm}$ Z^0	$Q_W = \pm 1$ $Q_{Z^0} = 0$ $M_W =$ $80{,}9 \pm 1{,}4$ GeV/c^2 $M_Z =$ $91{,}9 \pm 1{,}8$ GeV/c^2	Kern-β-Zerfall Neutrino-Reaktionen Pion-, Muon-Zerfall Energieproduktion der Sterne
elektromagnetisch	alle geladenen Teilchen	Lichtquant (Photon)	$M = 0$ $Q = 0$	Atomare Kräfte, chemische Bindung
stark	Quarks	Gluon, nicht als freies Teilchen beobachtet	$M = 0$ $Q = 0$	Hält die Quarks in den Nukleonen zusammen, Kernkräfte

6 Quarkmodell der Hadronen

6.1 Quarkmodell der Mesonen

Klassifizierung Mesonen sind gebundene Systeme aus einem Quark (q) und einem Antiquark ($\bar{q}$). Das gebundene $q\bar{q}$-System kann man klassifizieren nach dem Bahndrehimpuls ℓ und nach dem Gesamtspin der beiden Quarks. Jedes der Quarks hat Spin 1/2 und diese beiden Spins können zu einem Gesamtspin $S = 0$ oder $S = 1$ kombinieren. Bahndrehimpuls ℓ und Spin S bilden nach den Gesetzen der Spinaddition den Gesamtdrehimpuls (Gesamtspin) J des $q\bar{q}$-Systems. Neben dieser Klassifizierung der $q\bar{q}$-Zustände in ℓ, S, J können die Wellenfunktionen auch verschiedene funktionelle Abhängigkeiten von Radialabstand r haben, d. h. neben dem Grundzustand können radiale Anregungen auftreten. Nach diesen Merkmalen: ℓ, S, J, radiale Anregung, werden die $q\bar{q}$-Zustände klassifiziert.

Zerfall der Mesonen (i) Ist ein bestimmter $q\bar{q}$-Zustand derjenige mit der kleinsten Masse, die diese $q\bar{q}$-Kombination haben kann, so gibt es zwei Fälle:
a) Zustände aus einem Quark plus seinem eigenen Antiquark (z. B. $u\bar{u}$, $s\bar{s}$, allg. $q_i\bar{q}_i$) können vermöge der elektromagnetischen oder starken Wechselwirkung annihilieren, etwa so:

$$q_i\bar{q}_i \rightarrow e^+e^-, \mu^+\mu^-, \text{Photonen, Hadronen (z. B. Pionen)}$$

6.1 Quarkmodell der Mesonen

b) Ein Zustand aus einem Quark mit einem Antiquark einer anderen Sorte (z. B. $u\bar{d}$, $s\bar{c}$, allg. $q_i \bar{q}_k$) ist stabil gegen Annihilation. Er kann nur vermöge der schwachen Wechselwirkung zerfallen, welche verschiedene Quarksorten miteinander und mit Leptonen koppelt. Diese Zustände haben eine lange Lebensdauer.

(ii) Ist ein bestimmter $q\bar{q}$-Zustand nicht derjenige mit der kleinsten Masse, die diese $q\bar{q}$-Kombination haben kann, so geht er in den leichtesten Zustand vermöge der elektromagnetischen oder starken Wechselwirkung über. Diese Übergänge sind schnell, die Breite der Zustände ist groß, oft einige 100 MeV. Man nennt solche Zustände „angeregte Zustände" oder „Resonanzen".

Pseudoskalare Mesonen Man erwartet, daß die Zustände mit $\ell = 0$, $S = 0$, $J = 0$, radiale Quantzahl $n = 1$, diejenigen mit der kleinsten Masse sind. Diese haben Eigenparität $P = -1$ und heißen deshalb pseudoskalare Mesonen. Aus den fünf Quarksorten lassen sich 25 Kombinationen $q_i \bar{q}_k$ bilden. Jede dieser Kombinationen sollte einem Meson entsprechen. Man erwartet also 25 pseudoskalare Mesonen mit $J = 0$, $P = -1$. Es ist eine bemerkenswerte Tatsache und eine starke Stütze des Quarkmodells, daß diese Mesonen tatsächlich existieren (einige Zustände mit b-Quarks fehlen noch). Tab. 6.1 zeigt die Quarkkombinationen mit den Namen der entsprechenden Mesonen. Die Tabelle ist so zu verstehen, daß z. B. π^- die Kombination $(\bar{u}d)$ und π^+ die Kombination $(\bar{d}u)$ ist. Das π^0 ist eine Kombination von $(u\bar{u})$ und $(d\bar{d})$ (s. Tab. 6.2).

Tab. 6.1 Übersicht über die pseudoskalaren Mesonen

	u	d	s	c	b
$\bar{u}$	π^0, η, η'	π^-	K^-	D^0	B^-
$\bar{d}$	π^+	π^0, η, η'	$\bar{K}^0$	D^+	$\bar{B}^0$
$\bar{s}$	K^+	K^0	η, η'	F^+	*
$\bar{c}$	$\bar{D}^0$	D^-	F^-	η_c	*
$\bar{b}$	B^+	B^0	*	*	*

*: noch nicht experimentell nachgewiesen.

Tab. 6.2 Mesonen aus u/d Quarks

	Quark-Zusammen-setzung	La-dung	Masse MeV/c^2	mittlere Lebensdauer (s)	$\underline{S}$	C	Wichtige Zerfälle
π^+	$u\bar{d}$	1	139,57	$2{,}60 \cdot 10^{-8}$	0	0	$\mu^+ \nu_\mu$ (> 99%)
π^0	$(u\bar{u} - d\bar{d})/\sqrt{2}$	0	134,96	$0{,}87 \cdot 10^{-16}$	0	0	$\gamma\gamma$ (> 99%)
π^-	$d\bar{u}$	-1	139,57	$2{,}60 \cdot 10^{-8}$	0	0	$\mu^- \bar{\nu}_\mu$ (> 99%)

$\underline{S}$ = Seltsamkeit, C = Charmequantenzahl

6 Quarkmodell der Hadronen

Tab. 6.2 zeigt die Kombinationen aus u- und d-Quarks. Die u- und d-Quarks haben die kleinste Masse, ebenso die aus ihnen zusammengesetzten Mesonen.

Die drei Pionen bilden eine Familie von Teilchen mit fast denselben Massen. Pion-Nukleon-Streuexperimente zeigen, daß die starke Wechselwirkung der Pionen dieselbe ist, unabhängig von ihrer elektrischen Ladung. Daraus folgt, daß dasselbe auch für die u, d Quarks gelten muß, welche das Pion aufbauen.

In dieser naivsten Version hätten alle 4 möglichen Kombinationen u(d) und $\bar{u}(\bar{d})$ dieselbe starke Wechselwirkung. Das Experiment zeigt aber, daß es noch auf die Symmetrie der Wellenfunktion bei der Vertauschung u ↔ d ankommt. Mathematisch wird dies durch einen Formalismus beschrieben, der dem Drehimpulsformalismus der Quantenmechanik analog ist. Man nennt dies den Isospinformalismus. Die beiden Quarksorten u und d entsprechen den beiden möglichen Spin-Einstellungen eines Spin 1/2-Teilchens. Man sagt: Das u- und d-Quark hat Isospin 1/2. Zwei solche Quarks können Teilchen zu Gesamtspin 1 mit 2 × 1 + 1 = 3 Ladungsmöglichkeiten kombinieren. Dies sind die 3 Pionen, π^+, π^-, π^0, welche ein Isospintriplett bilden. Eine weitere Möglichkeit einer Kombination von $u\bar{u}$ bzw. $d\bar{d}$ zu Gesamtisospin 0, ist in der Natur rein nicht realisiert (wobei die Gründe hierfür nicht besonders gut verstanden sind). Man findet einen Isospin-0-Zustand, der durch die Beimischungen eines $s\bar{s}$-Zustandes charakterisiert ist: η-Mesonen (s. Tab. 6.3). Ebenso kommt der $s\bar{s}$-Zustand nicht rein als Teilchen vor, wie man naiverweise denken könnte (Formel: s. oben), sondern auch nur als andere Kombination mit $u\bar{u}$ und $d\bar{d}$-Zuständen: η'-Meson (s. Tab. 6.3).

Aus diesem Grund hat Tab. 6.2 der u/d-Zustände nur 3 Teilchen (und nicht 4) und Tab. 6.3 der (u/d/s)-Zustände 6 Teilchen (und nicht 5).

Tab. 6.3 zeigt die Kombinationen aus s-Quarks mit (u, d)-Quarks (6 Kombinationen).

Tab. 6.3 Mesonen mit s-Quark

	Quark-Zusammen-setzung	Ladung Q	Masse MeV/c^2	Mittlere Lebensdauer s	$\underline{S}$	C	Wichtige Zerfälle	
K^+	$u\bar{s}$	1	493,7	$1{,}24 \cdot 10^{-8}$	1	0	$\mu^+\nu_\mu$	(64%)
							$\pi^+\pi^0$	(21%)
K^0	$d\bar{s}$	0	497,7	s. Abschn. 9.6	1	0	s. Abschn. 9.6	
K^-	$\bar{u}s$	−1	493,7	$1{,}24 \cdot 10^{-8}$	−1	0	$\mu^-\bar{\nu}_\mu$	(64%)
							$\pi^-\pi^0$	(21%)
$\bar{K}^0$	$\bar{d}s$	0	497,7	s. Abschn. 9.6	−1	0	s. Abschn. 9.6	
η	$(u\bar{u} + d\bar{d}$ $- 2s\bar{s})/\sqrt{6}$ [1])	0	549	$6{,}3 \times 10^{-19}$	0	0	$\gamma\gamma$	(37%)
							$\pi^+\pi^-\pi^0$	(23%)
η'	$(u\bar{u} + d\bar{d}$ $+ s\bar{s})/\sqrt{3}$ [1])	0	958	$2{,}7 \times 10^{-21}$	0	0	$\eta\pi\pi$	(66%)
							$\rho^0\gamma$	(30%)

[1]) Näherung, s. [Lo 81]. $\underline{S}$ = Seltsamkeit, C = Charme

6.1 Quarkmodell der Mesonen

Mesonen mit s-Quarks sind schwerer als die Pionen, die aus u, d-Quarks bestehen, und zwar ist die Massendifferenz rund 400 bis 500 MeV. Entsprechend schwerer ist das s-Quark als die u, d-Quarks.

Einen Sonderfall bilden die η und η'-Mesonen, deren Wellenfunktion aus einer Kombination von $u\bar{u}$, $d\bar{d}$ und $s\bar{s}$-Zuständen besteht (s. Tab. 6.3).

Nach dem unter Abschn. 5.5 gesagten zerfallen die Kaonen vermöge der schwachen Wechselwirkung und haben eine lange Lebensdauer. Das η und das η' kann annihilieren und zerfällt schnell. Fig. 6.1 zeigt Beispiele von K-Zerfällen.

Die Stabilität der Kaonen gegenüber der starken und elektromagnetischen Wechselwirkung liegt an dem s-Quark, welches sich offensichtlich in ein u, d-Quark nur vermöge

Fig. 6.1 a) und b) Reaktion $K^-p \to \Sigma^+ \bar{K}^0 K^+ \pi^0 \pi^- \pi^-$ in der CERN 2 m Wasserstoff-Blasenkammer: Die parallelen Spuren kommen von einem K^--Mesonen-Strahl von 10 GeV/c Impuls. Ein K^- macht mit einem Proton der Wasserstoffüllung der Kammer die obenstehende Reaktion. Das $\bar{K}^0$ (unsichtbar) zerfällt gemäß $\bar{K}^0 \to \pi^+\pi^-$, das K^+ zerfällt gemäß $K^+ \to \mu^+\nu_\mu$. Das π^0 (unsichtbar) zerfällt in zwei Photonen, eines davon macht ein e^+e^--Paar (γ). Man beachte, daß sich beim Erzeugungsprozess die Summe der Seltsamkeits-Quantenzahlen ($\underline{S} = -1$) nicht ändert (s. w. u.) Das Σ^+ ist ein Baryon (s. Fig. 6.13) mit $\underline{S} = -1$, Masse = 1189 MeV/c², es zerfällt mit einer mittleren Lebensdauer von $0,8 \cdot 10^{-10}$ s in $p\pi^0$ oder, wie in diesem Beispiel, in π^+n.

6 Quarkmodell der Hadronen

der schwachen Wechselwirkung verwandeln kann. Wegen dieser seltsamen Stabilität nennt man das s „seltsames Quark" und die Teilchen, die ein solches enthalten (aber nicht η, η'), „seltsame Teilchen". Formal beschreibt man dies so, daß man dem s eine neue Quantenzahl gibt, genannt $\underline{S}$ (Seltsamkeit). Das s-Quark hat $\underline{S} = -1$, das $\bar{s}$ hat folglich $\underline{S} = +1$. Man sagt, daß $\underline{S}$ bei der starken und elektromagnetischen Wechselwirkung erhalten ist: Ist die Summe der $\underline{S}$-Quantenzahlen aller Teilchen des Anfangszustandes $\underline{S}_i$ und für alle Teilchen des Endzustandes $\underline{S}_f$, so muß sein

$$\Delta \underline{S} = \underline{S}_i - \underline{S}_f = 0. \tag{6.1}$$

Bei dem schwachen Zerfall der seltsamen Teilchen hat man

$$|\Delta \underline{S}| = 1. \tag{6.2}$$

Wegen Gl. (6.1) kann man seltsame Teilchen nicht einzeln mit dem großen Wirkungsquerschnitt der starken Wechselwirkung erzeugen.

Paarweise Erzeugung geht, z. B.

$$\begin{aligned} &\pi^- p \to nK^+K^- \\ \text{oder} \quad &\pi^- p \to pK^0K^- \\ \text{oder} \quad &\pi^- p \to nK^0\bar{K}^0. \end{aligned} \tag{6.3}$$

Die beiden letzten Reaktionen bestätigen, daß K^0 und $\bar{K}^0$, obwohl sie dieselbe Masse haben, unterschiedliche Teilchen sind, da sie nach Gl. (6.1) entgegengesetzte S-Quantenzahlen haben müssen. Damit folgen die Zuordnungen der Tab. 6.3.

Tab. 6.4 zeigt die Kombinationen aus c-Quarks mit (u, d, s)-Quarks (7 Kombinationen). Diese Mesonen sind schwerer als die Mesonen ohne c-Quark. Der Massenunterschied von Mesonen mit und ohne c-Quark beträgt rund 1,5 GeV/c². Das c-Quark ist also bedeutend schwerer als die u, d und s-Quarks.

Tab. 6.4 Mesonen mit c-Quarks

	Quark-Zusammensetzung	Ladung Q	Masse MeV/c²	mittlere Lebensdauer s	$\underline{S}$	C	Wichtige Zerfälle
D^+	$c\bar{d}$	+1	1869	$9{,}2 \cdot 10^{-13}$	0	1	$\bar{K}^0\pi^+$, $K^-\pi^+\pi^+$, ...
D^0	$c\bar{u}$	0	1865	$4{,}3 \cdot 10^{-13}$	0	1	$K^-\pi^+$, $\bar{K}^0\pi^+\pi^-$, ...
D^-	$d\bar{c}$	−1	1869	$9{,}2 \cdot 10^{-13}$	0	−1	$K^0\pi^-$, $K^+\pi^-\pi^-$, ...
$\bar{D}^0$	$u\bar{c}$	0	1865	$4{,}3 \cdot 10^{-13}$	0	−1	$K^+\pi^-$, $K^0\pi^-\pi^+$, ...
D_s^+	$c\bar{s}$	+1	1970	$2{,}8 \cdot 10^{-13}$	1	1	$\eta\pi^+$, $\phi\pi^+$
D_s^-	$s\bar{c}$	−1	1970	$2{,}8 \cdot 10^{-13}$	−1	−1	$\eta\pi^-$, $\phi\pi^-$
η_c	$c\bar{c}$	0	2980	$0{,}6 \cdot 10^{-22}$	0	0	Hadronen

6.1 Quarkmodell der Mesonen

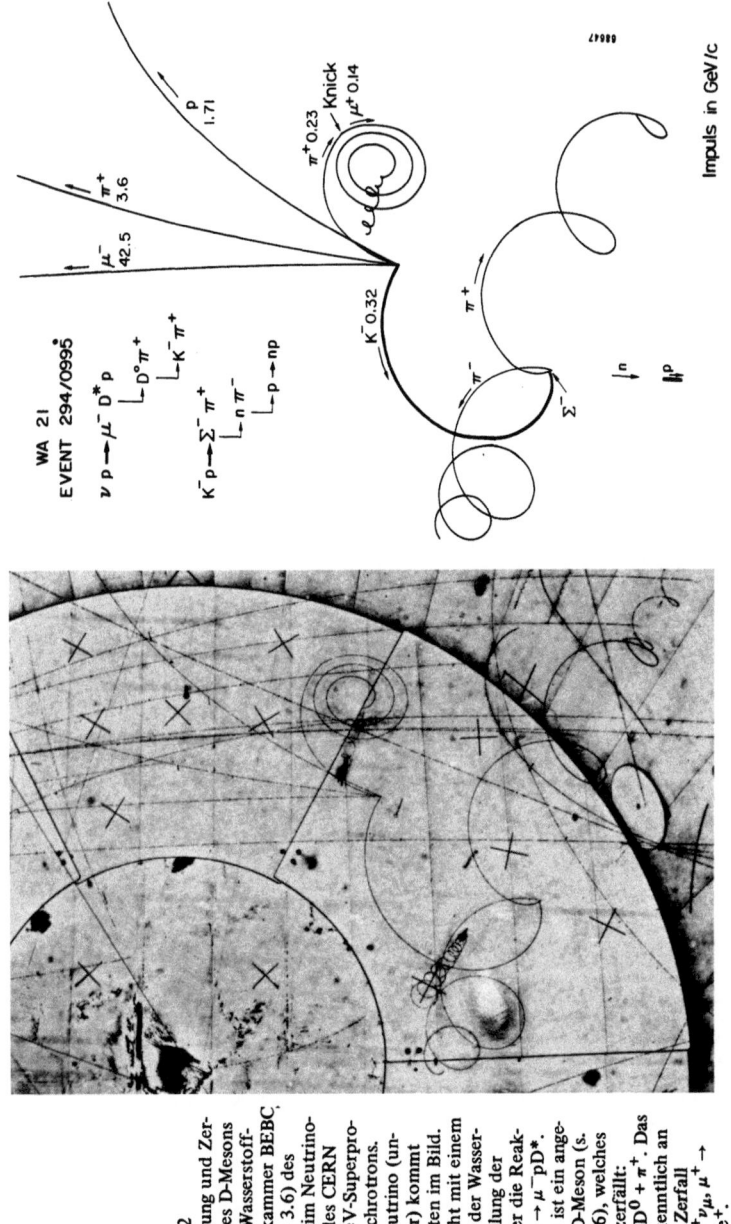

Fig. 6.2
Erzeugung und Zerfall eines D-Mesons in der Wasserstoffblasenkammer BEBC (s. Fig. 3.6) des CERN 450 GeV-Superprotonsynchrotons. Das Neutrino (unsichtbar) kommt von unten im Bild. Es macht mit einem Proton der Wasserstoffüllung der Kammer die Reaktion $\nu p \rightarrow \mu^- p D^*$. Das D* ist ein angeregtes D-Meson (s. Tab. 6.6), welches sofort zerfällt:
$D^{*+} \rightarrow D^0 + \pi^+$. Das π^+ ist kenntlich an seinem Zerfall
$\pi^+ \rightarrow \mu^+ \nu_\mu, \mu^+ \rightarrow \bar{\nu}_\mu \nu_e e^+$.

Das D^0 zerfällt sofort (D^{*+} und D^0 hinterlassen keine Bahnspur): $D^0 \rightarrow \pi^+$ (Impuls 3,6 GeV/c) + K^- (Impuls 0,32 GeV/c). Das K^- stoppt in der Kammer und macht die Einfangreaktion $K^- p \rightarrow \Sigma^- \pi^+$. Das Σ^- zerfällt nach einem winzigen Stück: $\Sigma^- \rightarrow n\pi^-$ (nach [Bl 79]). (Das Σ^- ist wie das Σ^+ ein Baryon mit $\underline{S} = -1$)

Auch die D-Mesonen mit c-Quark zerfallen nur vermöge der schwachen Wechselwirkung, wie man an ihrer verhältnismäßig langen Lebensdauer sieht. Das c-Quark kann sich also nur vermöge der schwachen Wechselwirkung in leichtere Quarks verwandeln, und zwar, wie die Liste der D-Zerfälle zeigt, geht es vorzugsweise in das s-Quark über: Überwiegender K-Zerfall der D-Mesonen. Diese nichttriviale Tatsache wurde schon vor der Entdeckung der D's richtig vorausgesagt – ein Triumph der Theorie [Lo 81].

Wie bei den seltsamen Teilchen beschreibt man diesen Sachverhalt formal durch Einführung einer neuen Quantenzahl, genannt Charme (C). Das c-Quark hat C = 1, das c̄ hat C = −1. Für Reaktionen der elektromagnetischen und starken Wechselwirkung ist

$$\Delta C = 0, \tag{6.4}$$

wobei wieder ΔC = Änderung der Summe der C-Quantenzahlen der Teilchen von Anfangs- und Endzustand. Für die schwache Wechselwirkung gilt:

$$|\Delta C| = 1. \tag{6.5}$$

Fig. 6.2 zeigt Erzeugung und Zerfall eines D-Mesons.

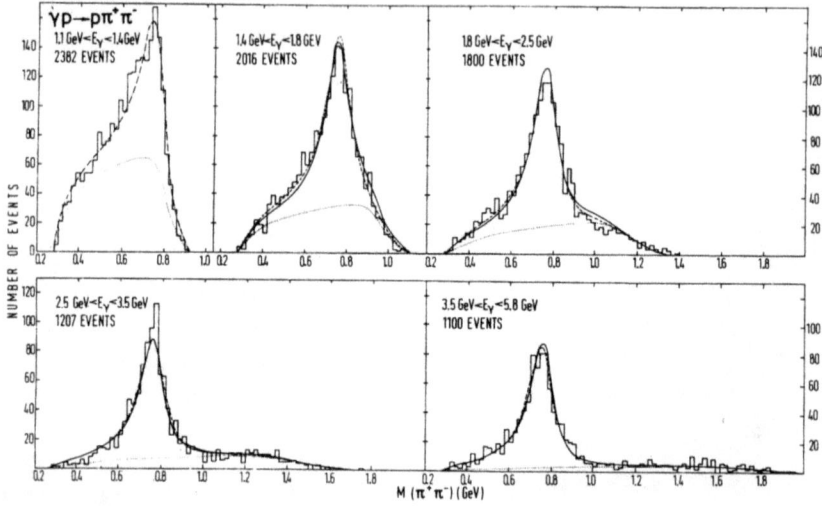

Fig. 6.3 Evidenz für die Erzeugung und den Zerfall des ρ-Mesons in der Reaktion $\gamma p \to p\pi^+\pi^-$. Aufgetragen ist die Massenverteilung des $\pi^+\pi^-$ Systems, d. h. die Energie des $\pi^+\pi^-$ Systems in seinem eigenen Schwerpunktsystem. Man erkennt, daß mit wachsender Energie E_γ des primären Photons die $\pi^+\pi^-$ Massenverteilung eine immer ausgesprochenere Anhäufung bei einer Masse von 770 MeV zeigt. Die Reaktion läuft dann über einen Zwischenschritt $\gamma p \to \rho^0 p$, $\rho^0 \to \pi^+\pi^-$ (aus [Aa 68])

Als letztes sind die 2 × 4 + 1 = 9 Kombinationen des b-Quarks mit u, d, s, c zu behandeln.

Von den neun Kombinationen sind bisher experimentell erst vier gesehen worden, und zwar die leichtesten Zustände in Kombination mit u, d-Quarks:

$B^+ = u\bar{b}$ $B^- = b\bar{u}$
$B^0 = d\bar{b}$ $\bar{B}^0 = b\bar{d}$.

Die Produktionsreaktion ist [Be 81a], [Ch 81]

$$e^+e^- \to B^+B^-, B^0\bar{B}^0 \text{ (plus evtl. weitere Pionen)}$$
$$\to B^+\bar{B}^0, B^-B^0 \text{ plus weitere Pionen.}$$
(6.6)

Die Masse der B-Mesonen ist:

$$M(B^\pm) = 5271 \text{ MeV}/c^2 \qquad M(B^0) = 5275 \text{ MeV}/c^2$$

Diese Masse liegt etwa 5 GeV höher als die Masse der aus u, d-Quarks zusammengesetzten Mesonen. Das b-Quark ist also bedeutend schwerer als diese Quarks und als das c-Quark.

Der Zerfall der B-Mesonen in Leptonen läßt erkennen, daß auch sie vermöge der schwachen Wechselwirkung zerfallen. Um ihre Stabilität gegenüber der elektromagnetischen und starken Wechselwirkung phänomenologisch zu beschreiben, führt man für die B-Mesonen analog zur Seltsamkeit und Charme eine dritte Quantenzahl ein („B"), die bei der elektromagnetischen und starken Wechselwirkung erhalten ist. Diese Quantenzahl ist offensichtlich an das b-Quark geknüpft. Die mittlere Lebensdauer der B-Mesonen ist

$1{,}2 \cdot 10^{-12}$ s.

Mesonen mit Spin 1 Für die Teilchen mit Gesamtdrehimpuls J = 1 hat das Quark-Antiquarksystem mit ℓ = 0, S = 1, J = 1 (parallele Quarkspins) die kleinste Masse. Die Eigenparität ist P = −1. Man nennt diese Teilchen Vektormesonen. Ihre Masse ist etwas größer als die der pseudoskalaren Mesonen. Sie können folglich vermöge der elektromagnetischen oder starken Wechselwirkung zerfallen und haben eine sehr kurze mittlere Lebensdauer T, die besser durch die totalen Zerfallsbreite Γ ausgedrückt wird, vermöge

$$\Gamma = \hbar/T.$$
(6.7)

Die Tab. 6.5 und 6.6 geben eine Übersicht.

Tab. 6.5 Übersicht über die Vektormesonen

	u	d	s	c	b
$\bar{u}$	ρ^0, ω	ρ^-	K^{*-}	D^{*0}	*
$\bar{d}$	ρ^+	ρ^0, ω	$\bar{K}^{*0}$	D^{*+}	*
$\bar{s}$	K^{*+}	K^{*0}	ϕ	D_s^{*+}	*
$\bar{c}$	$\bar{D}^{*0}$	D^{*-}	D_s^{*-}	J/ψ	*
$\bar{b}$	*	*	*	*	Υ

* = noch nicht experimentell nachgewiesen.

6 Quarkmodell der Hadronen

Tab. 6.6 Die Vektormesonen

	Quark-Zusammensetzung	Ladung Q	Masse in MeV/c^2	totale Breite Γ in MeV	Wichtige Zerfälle	<u>S</u>	C
ρ^+	$u\bar{d}$	1	770	150	$\pi^+\pi^0$	0	0
ρ^0	$(u\bar{u} - d\bar{d})/\sqrt{2}$	0	770	150	$\pi^+\pi^-$	0	0
ρ^-	$d\bar{u}$	-1	770	150	$\pi^-\pi^0$	0	0
ω	$(u\bar{u} + d\bar{d})/\sqrt{2}$	0	783	9,8	$\pi^+\pi^-\pi^0$ (90%) $\pi^0\gamma$ (9%)	0	0
ϕ	$s\bar{s}$	0	1020	4,2	K^+K^- (47%) $K^0_S K^0_L$ (35%) $\pi^+\pi^-\pi^0$ (18%)	0	0
K^{*+}	$u\bar{s}$	1	892	51	$K^+\pi^0$ $K^0\pi^+$	1	0
K^{*0}	$d\bar{s}$	0	896	51	$K^+\pi^-$ $K^0\pi^0$	1	0
K^{*-}	$\bar{u}s$	-1	892	51	$K^-\pi^0$ $\bar{K}^0\pi^-$	-1	0
$\bar{K}^{*0}$	$\bar{d}s$	0	896	51	$K^-\pi^+$ $\bar{K}^0\pi^0$	-1	0
D^{*+}	$c\bar{d}$	1	2010	< 2	$D^+\pi^0$ $D^0\pi^+$	0	1
D^{*0}	$c\bar{u}$	0	2007	< 5	$D^0\pi^0$ $D^0\gamma$	0	1
D^{*-}	$d\bar{c}$	-1	2010	< 2	$D^-\pi^0$ $\bar{D}^0\pi^-$	0	-1
$\bar{D}^{*0}$	$u\bar{c}$	0	2007	< 5	$\bar{D}^0\pi^0$ $\bar{D}^0\gamma$	0	-1
D_S^{*+}	$c\bar{s}$	1	2140 ± 60	?	γD_S^+	1	1
D_S^{*-}	$s\bar{c}$	-1	2140 ± 60	?	γD_S^-	-1	-1
J/ψ	$c\bar{c}$	0	3097	0,063	Hadronen, e^+e^-	0	0
Υ	$b\bar{b}$	0	9460	0,043	Hadronen, e^+e^-	0	0

Von den fünfundzwanzig Kombinationen sind die acht Kombinationen eines ⓑ-Quarks mit anderen Quarks noch nicht experimentell nachgewiesen worden. Die zwei Kombinationen J/ψ und Υ werden gesondert behandelt, wegen ihrer bemerkenswerten Eigenschaften. Fig. 6.3 zeigt als Beispiel die experimentelle Evidenz für das ρ-Meson.

6.1 Quarkmodell der Mesonen

Es sind außer den pseudoskalaren und den Vektormesonen eine Reihe weiterer Mesonen gefunden worden. Auch sie lassen sich alle als $q\bar{q}$-Kombinationen beschreiben [Lo 81], [Be 81].

Quarkonium Die Zustände J/ψ (=$c\bar{c}$) und Υ (= $b\bar{b}$) nehmen eine Sonderstellung ein, weil wegen der großen Masse der c- und b-Quarks ihre Geschwindigkeit im J/ψ bzw. Υ-System verhältnismäßig gering ist ($v \approx$ (Bindungsenergie/2 Quarkmasse)$^{1/2}$). Sie sind als gebundene Zustände von $c\bar{c}$ bzw. $b\bar{b}$ natürlich elektrisch neutral und haben somit Ähnlichkeit mit einem Atom, daher auch der Name Charmonium für $c\bar{c}$ und Bottomium für $b\bar{b}$, in Anlehnung an „Positronium".

Die Zustände J/ψ und Υ haben Bahndrehimpuls ℓ = 0, Spin S = 1, Gesamtdrehimpuls J = 1, also parallele Quarkspins und wegen ℓ = 0 Eigenparität P = −1. Sie haben damit dieselben Spin-Paritätsquantenzahlen wie das Photon und können folglich durch die Reaktion $e^+e^- \to \gamma \to J/\psi$ oder $e^+e^- \to \gamma \to \Upsilon$ leicht erzeugt werden. Dabei muß die Summe von Elektron- und Positronenergie im Schwerpunktsystem der beiden Teilchen genau der Masse ($* c^2$) des J/ψ bzw. Υ-Teilchens entsprechen. Es entsteht bei der Kollision von e^+ und e^- zunächst ein Zwischenzustand elektromagnetischer Energie („virtuelles Photon", γ), der bei richtiger Wahl der Energie in ein J/ψ bzw. Υ übergehen kann.

Man erkennt das Eintreten dieser Reaktion an dem ungeheuren Anwachsen der Reaktionsrate, wenn die Schwerpunktsenergie genau richtig ist (Fig. 6.4 und 6.5). Anschlie-

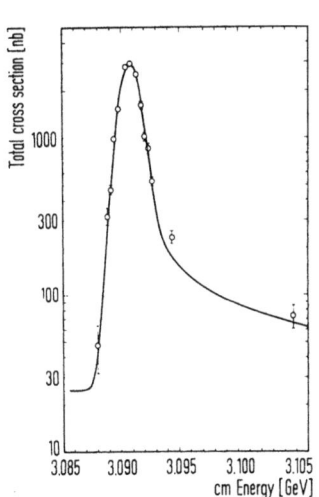
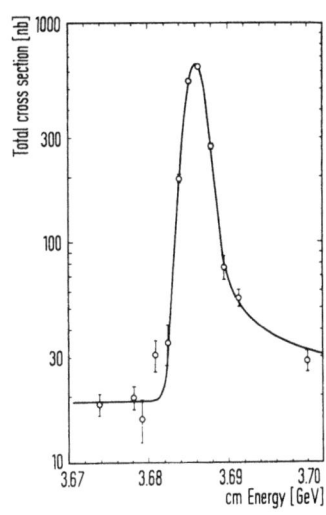

Fig. 6.4 a) Nachweis der Resonanz J/ψ. Aufgetragen ist der Wirkungsquerschnitt für die Bildung dieser Resonanz in der Reaktion $e^+e^- \to J/\psi$ mit dem nachfolgenden Zerfall von J/ψ in Hadronen oder in e^+e^- bzw. $\mu^+\mu^-$ als Funktion der Schwerpunktenergie (= 2 $*$ Speicherringenergie). Man beachte die Maßstäbe. Innerhalb von weniger als 1 MeV steigt der Wirkungsquerschnitt um mehr als den Faktor 100 an
b) Nachweis der Resonanz ψ' (3700). Das ψ' ist ein radial angeregter Zustand des J/ψ (nach [Pl 76])

86 6 Quarkmodell der Hadronen

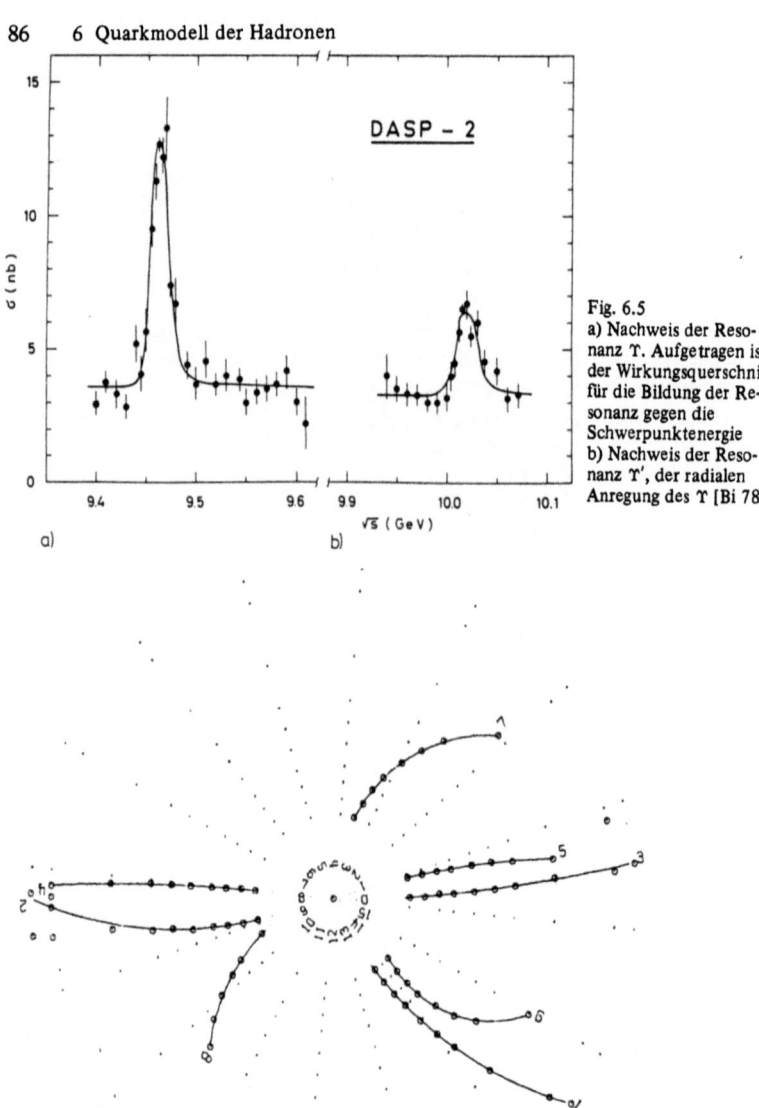

Fig. 6.5
a) Nachweis der Resonanz Υ. Aufgetragen ist der Wirkungsquerschnitt für die Bildung der Resonanz gegen die Schwerpunktenergie
b) Nachweis der Resonanz Υ', der radialen Anregung des Υ [Bi 78]

Fig. 6.6 Zerfall des Υ in Hadronen. Blick entlang der Strahlrichtung des DORIS-Speicherings. Die Reaktion erfolgt im Wechselwirkungspunkt in der Mitte. Man erkennt die Spuren von 8 geladenen Teilchen, wahrscheinlich Pionen, die beim Zerfall des Υ entstehen. Sie werden in einer Reihe zylindrischer Proportionaldrahtkammern nachgewiesen. Die Krümmung der Spuren kommt vom Magnetfeld des Detektors. (Bild der PLUTO-Gruppe)

ßend annihilieren $c\bar{c}$ bzw. $b\bar{b}$ in Leptonpaare oder in Hadronen vermöge der elektromagnetischen und starken Wechselwirkung der c- bzw. b-Quarks: $J/\psi \to e^+e^-, \mu^+\mu^-$ oder $J/\psi \to$ Hadronen (meist Pionen) s. Fig. 6.6. Die Lebensdauer dieser Zustände ist $\sim 10^{-20}$ s(J/ψ) und $\sim 1{,}7 \times 10^{-20}$ s(Υ).

Genau wie bei Atomen erwartet man radial angeregte Zustände (Hauptquantenzahl n > 1) sowie Zustände mit anderen Drehimpulsquantenzahlen. Während man die Zustände mit J = 1, n > 1 ebenfalls durch die Reaktion e^+e^- machen kann (Fig. 6.4, 6.5, 6.7), erreicht man die anderen Zustände durch γ-Übergänge, genau wie in der Atomphysik. Fig. 6.8 gibt eine Übersicht über die Eigenschaften dieser Zustände.

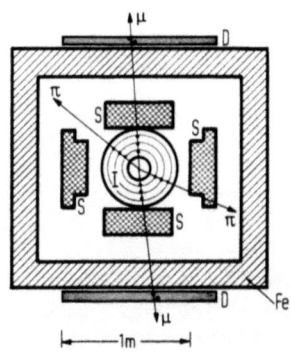

Fig. 6.7
Erzeugung und Kaskadenzerfall des radial angeregten Zustandes Υ' des Υ: Erzeugung: $e^+e^- \to \Upsilon'$, das Υ' zerfällt vermöge $\Upsilon' \to \pi^+\pi^-\Upsilon$ in das Υ, das Υ zerfällt: $\Upsilon \to \mu^+\mu^-$.
Nachweis im LENA-Detektor am DORIS-Speicherring.
Die Spuren von $\pi^+\pi^-$ $\mu^+\mu^-$ werden in der zylindrischen Driftkammer I nachgewiesen, ein Pion trifft den Schauerzähler S. Die Muonen (μ^+, μ^-) werden durch ihre Fähigkeit identifiziert, eine dicke Eisenabschirmung zu durchdringen. Sie werden in der Driftkammer D nochmals gemessen ([Ni 80])

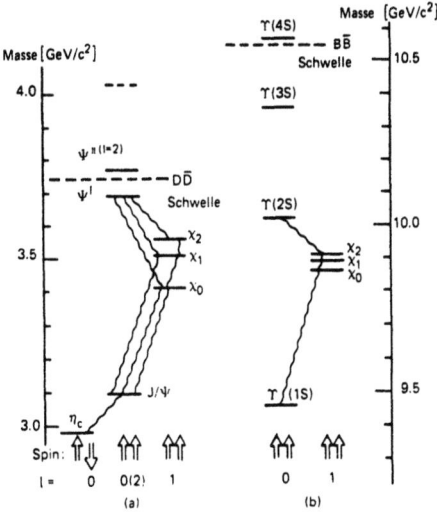

Fig. 6.8
Termschema der Quarkonium-Zustände
a) $c\bar{c}$-Zustände: ℓ = Bahndrehimpuls, die Pfeile zeigen (schematisch) die gegenseitige Spinorientierung von c und $\bar{c}$. Die Zustände ψ' und J/ψ können nicht in $D\bar{D}$ zerfallen und sind folglich verhältnismäßig langlebig. Das ψ' kann unter Emission eines γ-Quants in einen Zustand mit ℓ = 1, Spin = 1 übergehen, jeder dieser Zustände kann seinerseits einen Übergang zum J/ψ machen. Die experimentelle Auffindung dieser 5 Zustände [Lo 81], die formal große Ähnlichkeit mit analogen Termschemata in der Atomphysik haben, gehören zu den überzeugenden Beweisen für den Aufbau dieser Zustände aus einem schweren Quark und Antiquark.
Für Massen oberhalb der Schwelle der $D\bar{D}$-Erzeugung ist ein schneller Zerfall in $D\bar{D}$ möglich – die Zustände (1. Beispiel ψ'') werden breit

b) Dasselbe für das sehr schwere Quarksystem $b\bar{b}$. Das Analogon zum η_c ist noch nicht entdeckt. Beim $b\bar{b}$ System sind die zwei ersten radial angeregten Zustände (Υ', Υ'') unterhalb der $B\bar{B}$-Schwelle und deshalb schmal. Erst der dritte radial angeregte Zustand (Υ''') ist oberhalb der Schwelle. Er zerfällt bevorzugt in das schwere $B\bar{B}$-Mesonenpaar

88   6 Quarkmodell der Hadronen

6.2 Quarkmodell der Baryonen

Baryon-Dekuplett Baryonen bestehen aus drei Quarks. Baryonen mit c und b-Quarks sind noch sehr wenig erforscht, deshalb werden hier nur Kombinationen aus u, d, s-Quarks behandelt. Aus drei Quarksorten kann man zehn verschiedene 3-Quark-Kombinationen bilden (Dekuplett) (s. Fig. 6.9).

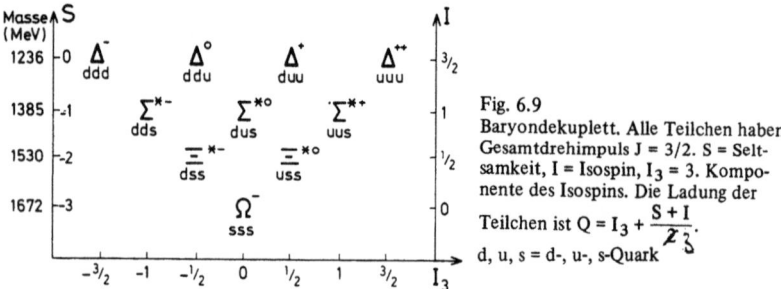

Fig. 6.9
Baryondekuplett. Alle Teilchen haben Gesamtdrehimpuls $J = 3/2$. S = Seltsamkeit, I = Isospin, I_3 = 3. Komponente des Isospins. Die Ladung der Teilchen ist $Q = I_3 + \frac{S+I}{2}$.
d, u, s = d-, u-, s-Quark

Alle Teilchen des Dekupletts haben Spin $J = 3/2$ (und positive Parität). Dies sind die Spin 3/2-Teilchen mit den kleinsten Massen. Man nimmt deshalb an, daß die Quarks den relativen Bahndrehimpuls $\ell = 0$ haben. Wegen $J = 3/2$ müssen dann die drei Quark-Spins parallel stehen.

In Fig. 6.9 bemerkt man zunächst vier Zustände, die nur u und d enthalten und folglich Seltsamkeit $\underline{S} = 0$ haben: Δ-Resonanz. Diese vier Zustände enthalten die möglichen Kombinationen von u und d, die sich in der elektrischen Ladung jeweils um eine Einheit unterscheiden. Man hat in der Tat alle vier Ladungszustände beobachtet. Sie zeigen fast identische Massen und ähnliche Eigenschaften gegenüber der starken Wechselwirkung – man faßt sie zu einer sogenannten Isospinfamilie von ähnlichen Teilchen zusammen.

Dasselbe gilt für die Σ^*- und Ξ^*-Familien (vgl. auch Abschn. 6.1). Fig. 6.10 zeigt Evidenz für die Produktion und den Zerfall des Δ und seines Antiteilchens in der Reaktion $p\bar{p} \to \Delta\bar{\Delta}$.

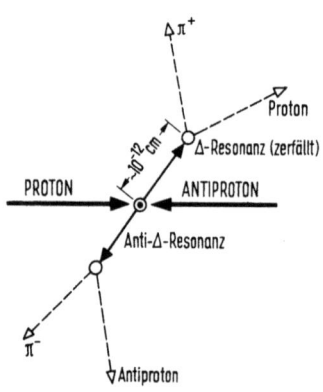

Fig. 6.10
a) Schema der Reaktion $p\bar{p} \to \Delta\bar{\Delta}$ im Schwerpunktsystem: Bei der Kollision eines Protons (p) und eines Antiprotons ($\bar{p}$) in einer Wasserstoffblasenkammer entstehen ein angeregtes Nukleon (Δ^{++}) und das Antiteilchen dazu ($\bar{\Delta}^{++}$). Sie sind zweifach positiv bzw. negativ geladen. Beide zerfallen sofort, so daß der beobachtete Endzustand $p\pi^+\bar{p}\pi^-$ ist

6.2 Quarkmodell der Baryonen

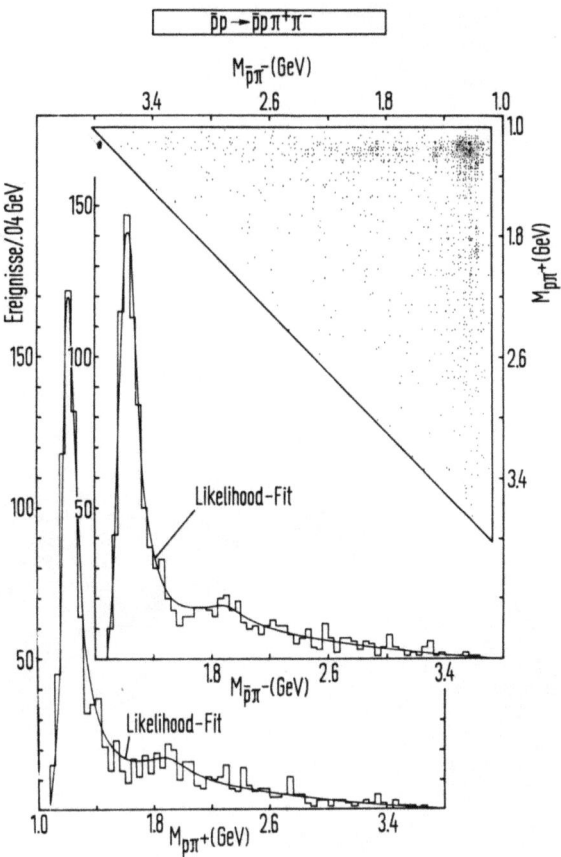

Fig. 6.10b) Die Massen (= Energien in ihrem eigenen Schwerpunktsystem) von $p\pi^+$ und $\bar{p}\pi^-$ sind gegeneinander aufgetragen. Man erkennt, daß sich beide Massenwerte bei der Masse der Δ-Resonanz (1236 MeV) häufen. Wäre die Δ-Resonanz stabil, dann erhielte man eine unendlich schmale Massenverteilung (wenn die Meßfehler nicht wären). Aus einem Experiment mit Antiprotonen von 12 GeV/c in der 2 m Wasserstoffblasenkammer des CERN [Dr 71]

Das Δ hat eine Massenbreite von $\Gamma = 120$ MeV, und folglich ist seine Lebensdauer $\tau = \hbar/\Gamma = 5{,}5 \cdot 10^{-24}$ s.

Den Spin der Δ-Resonanz mißt man am einfachsten in einem Pion-Nukleon-Streuexperiment (Fig. 6.11a). Entspricht die Pion-Nukleon Schwerpunktenergie der Δ-Masse, so bildet sich das Δ als resonanter Zwischenzustand (Fig. 6.12). Dieser hat die Drehimpulskomponente ± 1/2 (vom Nukleon) entlang der Richtung des einfallenden Pions (der Bahndrehimpuls hat keine Komponenten in dieser Richtung), und natürlich Gesamtdrehimpuls 3/2 (s. Fig. 6.11b). Die Zerfallswinkelverteilung dieses Zustandes in ein

90 6 Quarkmodell der Hadronen

Pion (Spin 0) und ein Nukleon (Spin 1/2) kann man berechnen und man findet — auch experimentell —

$$\frac{d\sigma}{d\Omega} \propto 1 + 3 \cos^2 \theta,$$

dabei ist θ der Pion-Streuwinkel im Schwerpunktsystem. Damit ist experimentell der Spin 3/2 des Δ gezeigt.

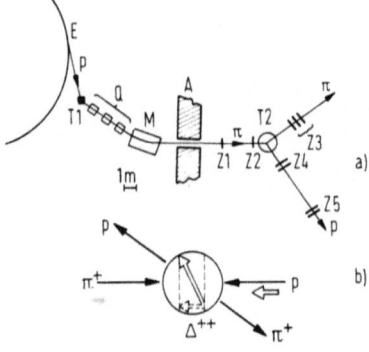

Fig. 6.11
a) Schema eines Pion-Proton-Streuexperiments. Aus dem Protonbeschleuniger wird bei E der Protonstrahl ejiziert, er trifft ein Target T, wo Pionen erzeugt werden. Der Ablenkmagnet M wählt Pionen mit einem definierten Impuls aus. Das Triplett von Quadrupolmagneten Q fokussiert den Strahl auf das Target T2, das mit flüssigem Wasserstoff gefüllt ist. Der einlaufende Pionstrahl wird durch die beiden Szintillationszähler Z1 und Z2 definiert. In den Zählerteleskopen Z3 und Z4, Z5 wird das Pion und das Proton nachgewiesen und der Streuwinkel bestimmt. Die Reaktion ist bestimmt durch die Korrelation zwischen den beiden Streuwinkeln und die Flugzeit des Protons zwischen den beiden Zählern Z4 und Z5. A = Abschirmmauer

b) Spineinstellung der Teilchen (Darstellung im Schwerpunktsystem). Nimmt man die Richtung des einfallenden π^+ und p als Quantisierungsachse, so ist die Komponente des Drehimpulses in diese Richtung +1/2 oder −1/2. Gewählt ist die gezeichnete Richtung des Protonspins (offener Pfeil). Im Endzustand ist der Drehimpuls natürlich derselbe. Der Gesamtdrehimpuls des Δ (Kreis) ist 3/2, er muß sich in der im Kreis gezeichneten Richtung einstellen (oder spiegelbildlich dazu). Dann zerfällt das Δ in p und π^+

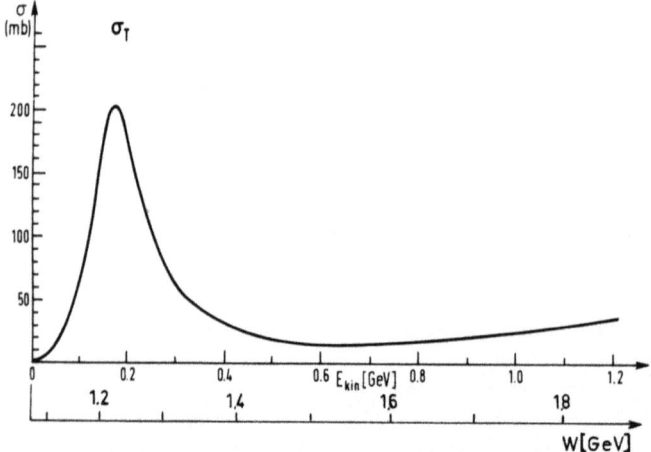

Fig. 6.12 Gesamtwirkungsquerschnitt der Reaktion $\pi^+ p$ als Funktion a) der kinetischen Energie des Pions, b) als Funktion der daraus berechneten Energie W des $\pi^+ p$-Systems = Energie des $\pi^+ p$-Systems im Schwerpunktsystem. Man erkennt das Maximum bei der Masse 1,236 GeV/c^2, der Masse der Δ-Resonanz

6.2 Quarkmodell der Baryonen

Die beiden nächsten Teilchenfamilien des Dekupletts enthalten ein bzw. zwei s-Quarks und haben somit Seltsamkeit $\underline{S}$ = −1 bzw. $\underline{S}$ = −2. Es gibt drei Kombinationen von zwei u-, d-Quarks mit s und zwei Möglichkeiten mit u- bzw. d-Quarks mit 2s-Quarks.

Auch diese Teilchen zerfallen vermöge der starken Wechselwirkung, also schnell, also mit großer Breite Γ in das jeweils leichteste Baryon mit derselben Seltsamkeit $\underline{S}$. Ihre experimentelle Beobachtung erfolgt ganz ähnlich wie beim Δ, z. B. kann man folgende Reaktion in einer Wasserstoffblasenkammer beobachten:

$$\pi^- p \to \Sigma^{*-} K^+.$$

Das Σ^{*-} zerfällt sofort[1]):

$$\Sigma^{*-} \to \Lambda \pi^-,$$

so daß die sichtbare Netto-Reaktion so aussieht:

$$\pi^- p \to \Lambda K^+ \pi^-.$$

Rechnet man die Gesamtenergie E aller $\Lambda \pi^-$-Kombinationen in ihrem jeweiligen Schwerpunktsystem aus, so findet man eine Anhäufung bei $E = M_{\Sigma^*} \cdot c^2 = 1384$ MeV, die zeigt, daß sich kurzzeitig ein Zustand mit der Masse M_{Σ^*} gebildet hat.

Als man das Schema Fig. 6.9 zum erstenmal aufstellte, war das Ω^- noch nicht bekannt. Man konnte seine Existenz aber voraussagen als die eines Teilchens mit der noch fehlenden Kombination (sss). Es sollte die ungewöhnliche Seltsamkeit $\underline{S}$ = −3 haben und nur in einer Ladungsform, nämlich mit Ladung −1 vorkommen. Sogar die Masse konnte man richtig voraussagen, da die Massendifferenz zwischen jeweils zwei Isospinfamilien ungefähr konstant ist — jede Familie enthält ja jeweils ein s-Quark mehr (Plausibilitätsargument). Das Ω^- wurde daraufhin tatsächlich gefunden. Es hat komplizierte Zerfallsschemata, etwa

$$\Omega^- \to K^- \Xi^0$$
$$\qquad\qquad \hookrightarrow \Lambda \pi^0$$
$$\qquad\qquad\qquad \hookrightarrow p \pi^-$$
$$\qquad \hookrightarrow \pi^- \pi^0.$$

Dies war ein sehr beeindruckender früher Erfolg der Theorie.

Das Dekuplett enthält drei Zustände, deren Merkwürdigkeit man auf den ersten Blick sieht: Δ^- (ddd), Δ^{++} (uuu), Ω^- (sss). Sie enthalten drei identische Quarks mit parallelen Spins, wie am Beginn dieses Abschnitts ausgeführt. Sie sind also vollständig symmetrisch bei Vertauschung zweier identischer Quarks. Dies widerspricht dem Pauliprinzip. Ein Ausweg aus diesem Dilemma ist die Einführung eines weiteren Freiheitsgrades für die Quarks: Farbe (s. Abschn. 7.1). In der Tat war es diese Überlegung, die zur Einführung des Begriffs „Farbe" führte.

---

[1]) Das Λ ist ein leichteres Baryon mit $\underline{S}$ = −1 (s. weiter unten).

6 Quarkmodell der Hadronen

Baryon-Oktett Neben dem eben besprochenen Baryonen-Dekuplett gibt es eine weitere Teilchenfamilie, deren Mitglieder alle den Eigendrehimpuls J = 1/2 haben. Es gibt 8 Teilchen in dieser Familie, die u. a. Proton und Neutron enthält. Dies sind die leichtesten Baryonen – sie können (mit Ausnahme des Σ^0) nur vermöge der schwachen Wechselwirkung zerfallen – das Proton, als das leichteste Teilchen, ist stabil (s. weiter unten).

Die drei Quarks haben Bahndrehimpuls $\ell = 0$, und da der Gesamtdrehimpuls J = 1/2 ist, können nicht alle Quarkspins parallel sein. Dies bedingt kompliziertere Symmetrieeigenschaften bei Vertauschen zweier Quarks als beim Dekuplett. Beim Abzählen der Möglichkeiten (verwickelt) findet man 8.

Fig. 6.13 zeigt dieses Baryonoktett, welches die Baryonen mit den kleinsten Massen enthält. Diese Baryonen sollten eigentlich vermöge der schwachen Wechselwirkung zerfallen. Die Hyperonen Λ, Σ^+, Σ^-, Ξ^-, Ξ^0 sowie das Neutron tun das auch. Das Σ^0 hat wie das Λ $\underline{S} = -1$ und kann folglich einen schnellen elektromagnetischen Zerfall machen:

$$\Sigma^0 \to \Lambda\gamma.$$

Fig. 6.14 zeigt eine interessante Manifestation des Λ-Hyperons (Hyperfragment).

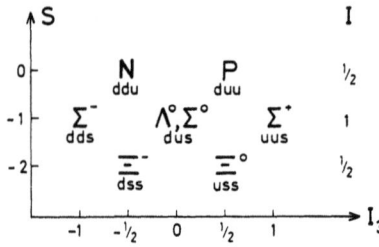

Fig. 6.13
Baryonoktett. Alle Teilchen haben Gesamtdrehimpuls J = 1/2. S = Seltsamkeit, I = Isospin, I_3 = 3. Komponente des Isospins. Die Ladung der Teilchen ist $Q = I_3 + \frac{S + \underline{I}}{2}$, N = Neutron, P = Proton. d, u, s = d-, u-, s-Quark

Das Proton ist der Zustand der kleinsten Masse. Seine Quarks können sich deshalb nicht durch β-Zerfall weiter in andere Quarks verwandeln. Eine Verwandlung der Quarks in Leptonen ist mit den derzeit bekannten Wechselwirkungsarten nicht möglich. Infolgedessen ist die Zahl der Quarks erhalten. Genauer muß man sagen: (Zahl der Quarks minus Zahl der Antiquarks) ist eine erhaltene Größe. Dies ist der Satz von der Erhaltung der Baryonzahl. Jedes Baryon enthält drei Quarks, und diese Zahl kann sich nicht ändern. Gibt man jedem der Teilchen im Baryondekuplett und im Baryonoktett die Baryonzahl B = 1, so kann man den Satz von der Erhaltung der Baryonzahl so formulieren: Die Summe der Baryonzahlen ändert sich bei einer Reaktion nicht, falls man jedem Baryon B = +1 und dem Antibaryon B = −1 zuweist. Das Proton als leichtestes Baryon scheint also stabil zu sein. Dies ist eine empirische Tatsache. Dies schließt trotzdem nicht aus, daß das Proton zerfallen könnte, wenn auch mit sehr langer mittlerer Lebensdauer. Ein Zerfall der Form etwa

$$p \to e^+ \pi^0$$

verletzt keinen Erhaltungssatz (natürlich mit Ausnahme der Baryonerhaltung).

6.2 Quarkmodell der Baryonen 93

Die derzeitig beste experimentelle untere Grenze für die Protonlebensdauer ist 10^{31} bis 10^{32} Jahre, bedeutend länger als das Alter des Weltalls von etwa 10^{10} Jahren.

Die im Baryondekuplett und Oktett aufgeführten Baryonen sind natürlich nicht die einzigen. Man hat bis heute mehr als 120 Baryonzustände gefunden (p, n, Δ^{++}, Δ^{+}, ... einzeln gezählt). Die im Baryondekuplett und Oktett aufgeführten Teilchen sind jedoch die mit den kleinsten Massen. Die weiteren Baryonen können ebenfalls im Quarkmodell untergebracht werden. Sie haben u. a. große Drehimpulse (5/2, 7/2, 9/2), so daß es klar ist, daß die Quarks in diesen Baryonen einen Bahndrehimpuls haben müssen.

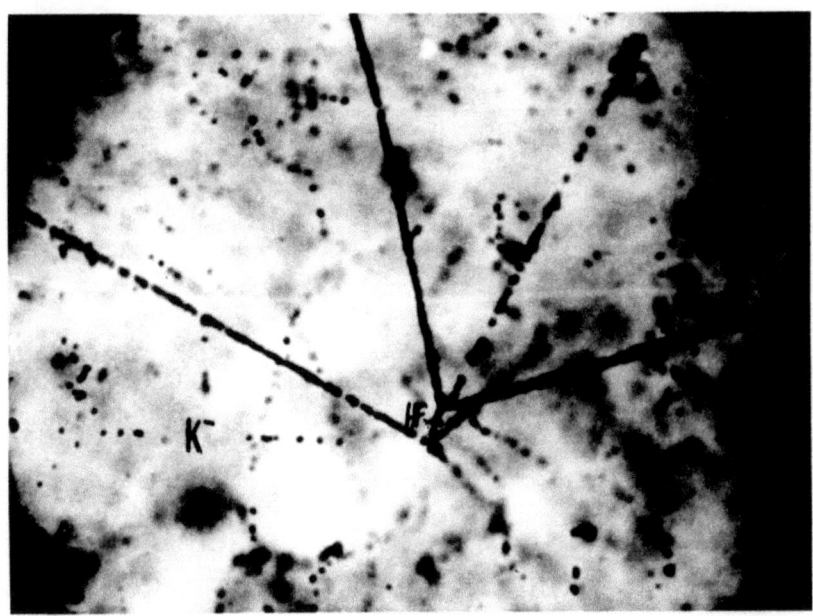

Fig. 6.14 Eine Aufnahme in photographischer Kernemulsion: Von links kommt ein K^--Meson und trifft einen Kern der photographischen Emulsion (C, N, O, Ag oder Br). Es wird absorbiert, macht eine Kernzertrümmerung (dicke Spuren) und erzeugt ein Λ-Hyperon (Masse 1115,6 MeV, Lebensdauer $2{,}6 \cdot 10^{-10}$ s). Das Λ wird anstelle eines Neutrons in ein Kernfragment eingebaut: Hyperfragment HF. Dieses fliegt ein paar μm weit, jedoch nach etwa 10^{-10} s zerfällt es und zerplatzt infolge der eingebauten „Bombe" des Λ (aus [Ku 66])

7 Quarks

7.1 Eigenschaften der Quarks

Tab. 7.1 gibt eine Übersicht über die Eigenschaften der Quarks.

Tab. 7.1 Die Quarks

Quarksorte	Farbe	Ladung	Spin	S	C	B[1])
u(up)	r b g	2/3	1/2	0	0	0
d(down)	r b g	−1/3	1/2	0	0	0
c(charme)	r b g	2/3	1/2	0	1	0
s(seltsam)	r b g	−1/3	1/2	−1	0	0
t(top)[2])	r b g	2/3	1/2	0	0	0
b(bottom)	r b g	−1/3	1/2	0	0	−1

S = Seltsamkeit, C = Charme, B[1]) = „Bottom"
[2]) hypothetisch

Jede Quarksorte kann in einem der drei Farbzustände sein: r (rot), b (blau), g (grün). Dies ist eine neue Eigenschaft, die weiter unten erklärt wird.

Masse In Tab. 7.1 fällt auf, daß die Massen der Quarks fehlen. Ungefähre Ideen über die Masse der Quarks, wie sie sich beim Zusammenbau zu Hadronen manifestieren, kann man aus der Systematik und der Masse der Hadronen erhalten (s. Abschn. 6), und damit ergibt sich:

$$m_u \sim m_d \lesssim 100 \text{ MeV}/c^2 \qquad m_c \sim 1500 \text{ MeV}/c^2$$
$$m_s \sim 400 \text{ MeV}/c^2 \qquad m_b \sim 5000 \text{ MeV}/c^2.$$

Wie groß ist die Masse eines freien Quarks? Um die Masse zu messen, müßte man ein freies Quark erzeugen. Dies ist aber trotz aller Bemühungen nicht gelungen. Die Suche nach Teilchen mit Ladung 1/3 bzw. 2/3 wurde an allen großen Protonenbeschleunigern und an allen Speicherringen durchgeführt, ohne Erfolg. Hieraus folgt, daß sehr erhebliche Kräfte die Quarks in den Hadronen festhalten. Dies nennt man mit einem schönen deutschen Wort „confinement" = Einsperrung. Man weiß nicht, ob diese Einsperrung absolut ist, oder ob unter besonderen Umständen, etwa bei der Entstehung des Weltalls, Quarks doch als freie Teilchen auftreten konnten. Dann würde man sie etwa in einem Millikan-Versuch finden können. Ein solcher Versuch mit Nb-Kügelchen von etwa 2/10 mm Durchmesser zeigte tatsächlich ein positives Resultat [LR 81]. Es ist jedoch nicht gelungen, dieses in weiteren Experimenten zu bestätigen, so daß nach heutiger Auffassung Quarks nicht als freie Teilchen existieren können (s. Abschn. 7.2).

Ladung Evidenz für die Ladung der u, d-Quarks kommt im Prinzip aus vielen Beobachtungen, wo das Quark an das elektromagnetische Feld gekoppelt ist, z. B. elektromagnetische Zerfälle wie $\rho \to e^+e^-$, $\omega \to e^+e^-$, $\eta \to \gamma\gamma$. Diese Bestimmungen der Quarkladung haben jedoch den Schönheitsfehler, daß man Modell-Annahmen über die Struktur der Hadronen machen muß. Die beste und genaueste Evidenz für die Ladung der u, d-Quarks kommt vom Vergleich der tiefunelastischen Muon- und Neutrinostreuung am Nukleon (s. Abschn. 10). Für die schweren Quarks (s, c, b) kommt die Evidenz aus dem elektromagnetischen Zerfall der Quarkonium-Atome. Hier gehen die Modellannahmen nicht so kritisch ein wegen der großen Quarkmasse. Zusätzliche Evidenz für die Ladung der Quarks kommt aus dem totalen Wirkungsquerschnitt für die Reaktion $e^+e^- \to$ Hadronen (s. Abschn. 7.2).

Spin Die Evidenz für den Spin 1/2 der Quarks kommt
(i) aus Messungen der tiefunelastischen e, μ und ν-Nukleonstreuung (s. Abschn. 10).
(ii) aus der Beobachtung von Jets bei der e^+e^--Annihilation (s. Abschn. 7.2).

Farbe In Abschn. 6.2 wurde ausgeführt, daß die Quarkzustände im Dekuplett symmetrisch gegen Vertauschung zweier Quarks sind. Dies ist evident für die Zustände Δ^- (ddd), Δ^{++} (uuu), Ω^- (sss): Die Spins dieser Quarks stehen alle parallel, der Bahndrehimpuls ist $\ell = 0$ (Grundzustand, s. auch [Be 83], bei Vertauschen zweier Quarks geht die Gesamt-Wellenfunktion des Baryons also in sich selbst über. Dies widerspricht aber dem Pauli-Prinzip, da die Quarks als Spin 1/2-Teilchen eine gegen Vertauschung identischer Quarks antisymmetrische Gesamtwellenfunktion haben sollten. Hier hat man sich folgenden Ausweg ausgedacht: Die Quarks bekommen eine weitere Eigenschaft, die man Farbe nennt. Man könnte sich dies als eine Art Etikett oder eine neue Art Ladung vorstellen. Die Eigenschaft Farbe kann drei diskrete Werte annehmen, um im Bild zu bleiben, nennt man sie rot, grün, blau. Es soll eine vollständige Symmetrie zwischen den drei Farben gelten, d. h. jedes Quark kann in einer der drei Farben vorkommen, bei einer Vertauschung der Farben soll das Quark seine sonstigen Eigenschaften nicht ändern.

Man kann nun mit Hilfe der Farbindizes, welche eine Unterscheidung der Quarks gestatten, Baryonwellenfunktionen konstruieren, welche antisymmetrisch sind, wenn man die Farbindizes mit berücksichtigt. Damit ist das Fermi-Statistik-Problem gelöst.

Beim Übergang Quark $\to$ Antiquark gehen die Farben als ladungsartige Quantenzahl in ihre Antifarben über, also rot $\to$ antirot etc.

7.2 Dynamik

Zwischen den Quarks müssen starke Kräfte wirken, welche u. a. die gebundenen $q\bar{q}$- und qqq-Zustände machen und es verhindern, daß man freie Quarks erzeugen kann. Bei der Suche nach Vorbildern für eine Theorie dieser Kräfte ging man von der Quantenelektrodynamik (QED) aus. Die theoretische Fundierung dieser Theorie ist solide, sie ist sehr erfolgreich in der Beschreibung elektromagnetischer Phänomene, und sie ist eine Eichtheorie. Das letztere bedeutet Invarianz der Theorie gegenüber gewissen Transformationen (Phasenänderung) der Wellenfunktion.

Für eine Theorie der starken Kräfte schafft man nun eine Analogie zur QED: Anstelle der elektrischen Ladung tritt die Farb„ladung" (rot, grün, blau) der Quarks, Kräfte treten nur zwischen Teilchen mit Farbe auf. Das Quant des Kraftfeldes ist bei der QED das Photon, hier ist es ebenfalls ein masseloses Teilchen mit Spin = 1 wie das Photon, und es heißt Gluon (engl. glue = Leim). Im Gegensatz zum Photon, welches keine elektrische Ladung trägt, haben die Gluonen selbst eine komplizierte Farbladung, sie tragen einen Farb- und einen Antifarbindex.

Man bildet nun eine Theorie, die ebenso wie die QED eine Eichtheorie ist. Außerdem postuliert man Symmetrie gegenüber der Vertauschung der Farbladungindizes. Etwas genauer fordert man Symmetrie unter der Transformationsgruppe SU(3), die auf die Farbindizes wirkt (SU(3)$_c$).

Man nennt diese Theorie der starken Wechselwirkung der Quarks Quantenchromodynamik (QCD).

Fig. 5.6 zeigt die Entsprechung zwischen QED und QCD. An die Stelle der elektromagnetischen Kopplungskonstanten α, welche die Stärke der Kraft charakterisiert, tritt die QCD-Kopplungskonstante $\alpha_s = g^2/c\hbar$.

So weit reichen die Ähnlichkeiten zwischen QED und QCD. Es gibt jedoch eine Reihe wichtiger Unterschiede. Die Gluonen tragen eine Farbladung und können so mit sich selbst wechselwirken. Aus Gründen, die hier nicht erklärt werden können, führt dies zu einer Veränderung der Stärke der Wechselwirkung, abhängig von der Entfernung der Quarks voneinander. In der ersten Ordnung der Störungsrechnung hat die effektive Kopplungskonstante die folgende Gestalt:

$$\alpha_s = \frac{12\pi}{(33 - 2N_f) \ln |q^2/\Lambda^2|}, \qquad (7.1)$$

wobei N_f = Zahl der Quarksorten, die bei dem Prozess zu betrachten sind (je nach Energie u, d, s, c, b, $N_f \leq 5$), q^2 = (charakteristischer Impulsübertrag)^2, Λ = eine charakteristische Konstante mit der Dimension einer Energie. Gl. (7.1) hat die geschilderte wichtige Eigenschaft: α_s hängt von q^2, also vermöge $|q| \cdot |r| \sim \hbar$ vom Abstand der Quarks ab. Für große Werte von $|q^2|$ wird α_s, also die Kopplung klein: Bei kleinen Abständen verhalten sich die Quarks wie quasi freie Teilchen. Man nennt dies „asymptotische Freiheit". Für kleine Werte von $|q^2|$, also große Abstände, wird α_s groß: Die Wechselwirkung zwischen Quarks wird sehr stark und läßt sich nicht mehr mit den Methoden der Störungsrechnung beschreiben.

Eine wichtige Anwendung für die Vorstellungen des Quarkmodells bei großen Werten des Impulsübertrages ist die Erzeugung von Hadronen bei der e^+e^--Annihilation. Der erste Schritt (nicht direkt beobachtbar) ist

$$e^+e^- \to q\bar{q}. \qquad (7.2)$$

Gl. (7.2) beschreibt die Bildung eines Quark-Antiquarkpaares.

Bei hoher Schwerpunktenergie $\sqrt{s}$ ($\sqrt{s} \gg$ Masse der Quarks) ist $|q^2| = s$ groß, α_s nach Gl. (7.1) klein. Das ist das Gebiet der „asymptotischen Freiheit", und in diesem Schritt wird das Quark-Antiquarkpaar als quasi freies Teilchenpaar gebildet mit einem Wirkungsquerschnitt nach Gl. (7.3) und (8.4). Fig. 7.1 zeigt dies und die weitere Evolution: Nach ihrer Entstehung entfernen sich die Quarks voneinander. Damit wird die Kraft zwischen den Quarks sehr groß, in einem angenähert linearen Gebiet zwischen den Quarks bildet sich eine hohe Energiedichte aus, in der neue Quark-Antiquarkpaare entstehen können. Auf diese wirkt sofort wieder die starke Farbkraft der Gluonen Die einzige Möglichkeit für die Quarks, sich von dieser Kraft zu befreien, besteht darin, farbneutrale Kombinationen mit anderen Quarks zu bilden[1]) und damit in Form von freien Hadronen aufzutreten. Auf diese „weißen" Kombinationen wirken die Farbkräfte nicht mehr direkt. Man vermutet, daß alle Hadronen, die als freie Teilchen auftreten, solche farbneutrale Kombinationen von Quarks sind und diesem Umstand ihre freie Existenz verdanken. Im Falle der Reaktion $e^+e^- \to q\bar{q}$ wird es mit diesem Mechanismus zur bevorzugten Bildung des leichtesten Hadrons, des Pions, kommen. Diese Pionen werden etwa in derselben Richtung wie die ursprünglichen Quarks fliegend, in zwei Teilchenbündeln („Jets") heraus-

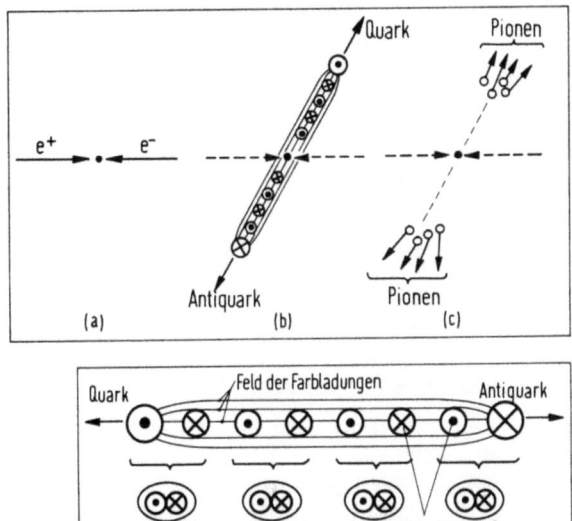

Fig. 7.1 a) Annihilation $e^+e^- \to$ Hadronen: Elektron und Positron annihilieren, im ersten Schritt entsteht ein Quark-Antiquarkpaar, welches auseinander fliegt. In dem QCD-Feld zwischen den beiden Quarks entstehen aus der hohen Feldenergie weitere Quark-Antiquarkpaare. Sie kombinieren zu Hadronen, meist Pionen, die als zwei Teilchenbündel in Richtung der ursprünglichen Quarks wegfliegen
b) Detail zur Entstehung der Hadronen: Quark und Antiquark kombinieren zu farbneutralen Hadronen − stark vereinfacht, ohne Berücksichtigung der Farbladungen (s. Fußnote)

---

[1]) Genauer: Farb-Singulett-Kombinationen bezüglich der Transformationsgruppe $SU(3)_C$.

kommen. Fig. 7.2 zeigt die Beobachtung einer Reaktion $e^+e^- \to$ Hadronen im Speicherring PETRA. Man erkennt die beiden Jets, vorwiegend aus Pionen bestehend, welche die ursprüngliche Flugrichtung von q und $\bar{q}$ markieren.

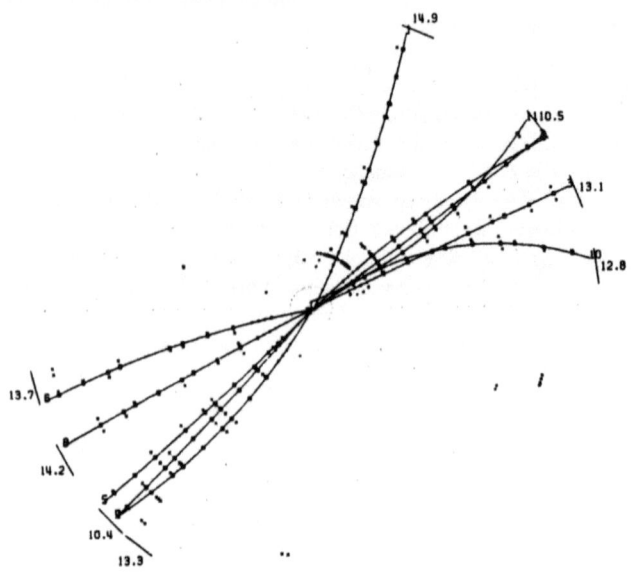

Fig. 7.2 Ein Hadronenjet aus der e^+e^--Annihilation. Die Bahnspuren der Teilchen sind gekrümmt im Magnetfeld des Detektors. Die beiden Teilchenbündel haben etwa die Richtung der ursprünglichen Quarks, sie bestehen zur Hauptsache aus Pionen (TASSO Detektor am PETRA-Speicherring in Hamburg, s. auch Fig. 3.7)

Da die Umwandlung des Quarkpaares in Hadronjets mit der Wahrscheinlichkeit 1 vor sich geht, ist der totale Wirkungsquerschnitt σ_h ($e^+e^- \to$ Hadronen) gleich dem Wirkungsquerschnitt für die Erzeugung von Quark-Antiquarkpaaren, also

$$\sigma_h(e^+e^- \to \text{Hadronen}) = \sum_i \sigma(e^+e^- \to q_i\bar{q}_i).$$

Dabei muß über alle Quarkarten (Farbe und Sorte) summiert werden, welche man bei einer gegebenen Speicherringenergie erzeugen kann. Der Wirkungsquerschnitt für die Erzeugung eines Quarkpaares der Ladung eQ_i ist

$$\sigma(e^+e^- \to q_i\bar{q}_i) = \sigma_{\mu\mu}Q_i^2, \tag{7.3}$$

wobei $\sigma_{\mu\mu} = \sigma(e^+e^- \to \mu^+\mu^-)$.

Diese Beziehung gilt, wenn das Quark genau wie das Muon ein Spin 1/2-Teilchen ohne meßbare Ausdehnung ist. Der einzige Unterschied bei der elektromagnetischen Wechselwirkung ist die Ladung des Quarks Q_i im Gegensatz $Q = 1$ für das Muon. Die Ladung geht nach den Regeln der QED in der hier betrachteten Näherung quadratisch in den Wirkungsquerschnitt ein.

7.2 Dynamik

Der Wirkungsquerschnitt Gl. (7.3) läßt sich nach den Regeln der QED berechnen, und durch Integration von Gl. (8.4) erhält man für $E \gg m_\mu \cdot c^2$

$$\sigma_{\mu\mu} = \frac{4\pi}{3} \cdot \frac{\alpha^2}{4E^2} \cdot (\hbar c)^2 \quad \text{mit } \hbar c = 1{,}973 \cdot 10^{-14} \text{ GeV} \cdot \text{cm}$$

E = Energie des Muons = 1/2 Schwerpunktenergie.
Man betrachtet meist das Verhältnis

$$R = \frac{\sigma_h(e^+e^- \to \text{Hadronen})}{\sigma_{\mu\mu}} = \sum_i Q_i^2 \,. \tag{7.4}$$

Gl. (7.4) beruht auf der QED und ist infolgedessen exakt, sofern man die schwache und die starke Wechselwirkung der Quarks vernachlässigen kann. Eine Abschätzung für die Größe des Wirkungsquerschnitts der schwachen Wechselwirkung gibt Abschn. 9 – er ist erst bei Schwerpunktenergien >40 GeV zu berücksichtigen. Der Beitrag der starken Wechselwirkung läßt sich mit Hilfe der QCD berechnen – er ist ebenfalls klein wegen der hohen Energie (asymptotische Freiheit).
Man erhält aus Gl. (7.4) für eine Schwerpunktenergie $\sqrt{s} > 10$ GeV

$$R = 3 \cdot \sum_{u,d,s,c,b} Q_q^2 = 3 \cdot \left(\left(\frac{2}{3}\right)^2 + \left(\frac{1}{3}\right)^2 + \left(\frac{1}{3}\right)^2 + \left(\frac{2}{3}\right)^2 + \left(\frac{1}{3}\right)^2 \right) = \frac{11}{3}. \tag{7.5}$$

Der Faktor 3 kommt von der Summierung über die drei Farben. Fig. 7.3 zeigt die Messung von R. Man erkennt die Stufe, wenn die Schwerpunktenergie die Schwelle der

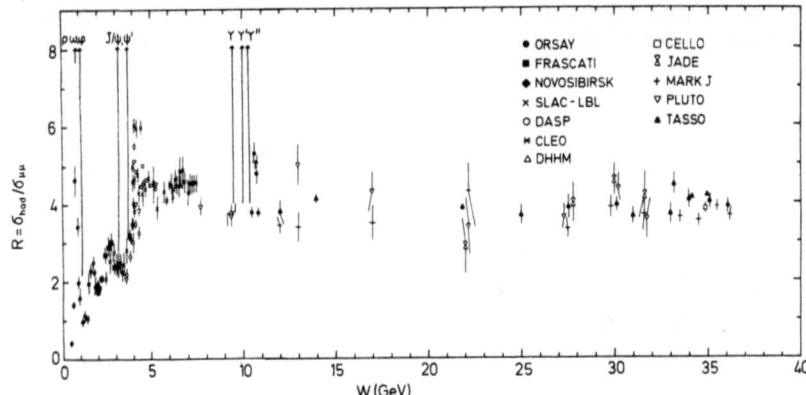

Fig. 7.3 Wirkungsquerschnitt für die Reaktion e^+e^- = Hadronen: $\sigma(e^+e^- \to \text{Hadronen})$. Aufgetragen ist das Verhältnis $R = \sigma(e^+e^- \to \text{Hadronen})/\sigma_{\mu\mu}$, wobei $\sigma_{\mu\mu} = \sigma(e^+e^- \to \mu^+\mu^-)$ und W = Schwerpunktenergie = 2 ∗ Strahlenergie des Speicherrings. An den mit ρ, ω, ϕ, J/ψ, ψ', Υ, Υ', Υ'' bezeichneten Stellen werden diese Vektormesonen erzeugt, der Wirkungsquerschnitt wird dort sehr groß. Man erkennt das treppenartige Ansteigen von R bei W = 4 GeV, wo die Schwelle der c-Quark-Erzeugung überschritten wird. Das Quarkmodell sagt oberhalb W = 10 GeV für das Verhältnis R = 11/3 voraus. Die Messungen stimmen damit überein. Die Meßpunkte kommen von verschiedenen Experimentiergruppen (Bild aus [Br 82], s. auch dort die Referenzen)

Erzeugung eines neuen Quarks überschreitet. Die Energieunabhängigkeit von R bei hohen Energien und die genaue Übereinstimmung mit der Theorie Gl. (7.5) ist eine beeindruckende Stütze des Modells. Besonders wichtig: Man sieht, daß man den Faktor drei braucht, der von der Farbe kommt.

Diese Hypothese, daß die Hadronen Farbsinguletts sein müssen, erklärt noch andere Dinge, die ursprünglich im Quarkmodell Rätsel waren, nämlich: Warum gibt es keine gebundenen Zustände aus 2 bzw. 4 Quarks? Die Antwort ist: Weil man aus 2 bzw. 4 Quarks keine Farb-Singulett-Kombinationen bilden kann. Aus demselben Grund sollte man die Gluonen wegen ihrer Farbladungen nicht direkt beobachten können.

All dies ist prima, und die Phänomene legen solche Vorstellungen nahe. Es ist jedoch (noch) nicht gelungen, all dies aus den Grundgleichungen der QCD streng herzuleiten.

Quarkspin Die Beobachtung der Jets gestattet eine Messung des Quarkspins. Da die Jets die ursprüngliche Flugrichtung der Quarks markieren, müßte die Verteilung des Winkels θ zwischen der Jet-Achse und der e^+e^--Richtung die folgende Verteilung zeigen:

$$\frac{d\sigma}{d\Omega} \sim 1 + \cos^2\theta \quad \text{für Quark-Spin 1/2}$$

$$\sim \sin^2\theta \quad \text{für Quark-Spin 0}$$

Fig. 7.4 zeigt das Ergebnis einer Messung, welche den Spin 1/2 für die Quarks bestätigt.

Gluonfabrik Der gebundene $b\bar{b}$-Zustand Υ ist eine gute Quelle von Gluonen. Als Zustand mit Spin/Parität $J^P = 1^-$ kann er wie das Orthopositronium nicht in zwei Vektorteilchen zerfallen. Der Zerfall des Υ kann also nur in 1 Photon bzw. 3 Photonen oder 3 Gluonen erfolgen. Der Zerfall in ein einziges Gluon geht nicht, da es farbig ist. Das Pho-

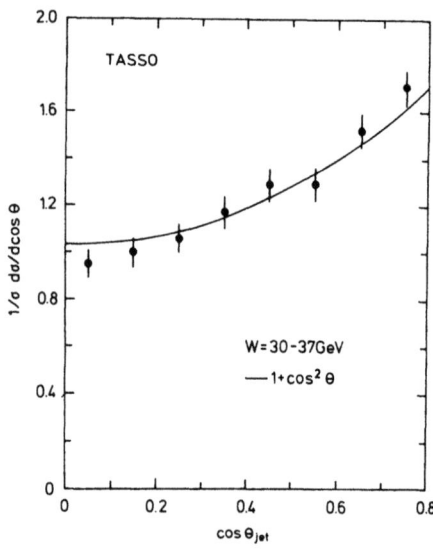

Fig. 7.4
Verteilung des Winkels θ der Jetachse gegen die e^+e^--Strahlrichtung. Für Quarks mit Spin 1/2 erwartet man eine Verteilung der Form $1 + \cos^2\theta$. (TASSO-Experiment)

ton könnte sich in ein q$\bar{\text{q}}$-Paar verwandeln und so das Υ zerfallen lassen. Doch ist die Stärke dieser Kopplung $(1/3)^2 \cdot \alpha$, und dies stellt sich als schwächer heraus als die Kopplung an drei Gluonen, die proportional zu α_s^3 ist. Das Υ zerfällt also hauptsächlich in drei Gluonen. Fig. 6.6 zeigt einen solchen Zerfall. Das Gluon verwandelt sich ebenso wie das Quark in Hadronen. Wegen der verhältnismäßig geringen Energie ist hier keine Jet-Struktur zu erkennen. Die Zerfallsbreite des Υ ist proportional[1]) zu α_s^3, und da dieselbe gemessen ist, folgt α_s und nach Gl. (7.1) die QCD-Konstante Λ. Man findet

$\Lambda \sim 100$ MeV.

Eine unabhängige Bestimmung von Λ kann dadurch geschehen, daß man bei der Reaktion $e^+e^- \to q\bar{q}$ nach Abweichungen von dem simplen q$\bar{\text{q}}$-Modell sucht (Bremsstrahlung von Gluonen). Man findet (mit großen theoretischen Unsicherheiten) denselben Wert von Λ. Eine dritte unabhängige Bestimmung von Λ, die einen ähnlichen Wert liefert, wird in Abschn. 10 erwähnt.

Dieses sind ermutigende Bestätigungen der QCD. Es muß jedoch erwähnt werden, daß sowohl ihre theoretische Fundierung als auch das Ausmaß des Vergleichs mit dem Experiment weit hinter dem zurückbleiben, was für die QED erreicht wurde. In diesem Sinn kann die QCD (noch) nicht als endgültig bestätigt gelten.

Noch eine Bemerkung zur Kraft zwischen Nukleonen: Diese ist nunmehr ihres elementaren Charakters beraubt und ist als indirekte Auswirkung der QCD-Kräfte zwischen den Quarks zu verstehen.

Ein Nukleon ist in diesem Bild ein farbneutrales Gebilde, auf welches zunächst keine starken (QCD-)Kräfte wirken. Erst wenn sich zwei Nukleonen sehr nahekommen, „merken" sie, daß sie zwar pauschal farbneutral sind, im Innern aber eine komplizierte Farbstruktur besitzen, und über dieselbe in starke Wechselwirkung treten können. Dieses Bild „erklärt" die kurze Reichweite der herkömmlichen Kernkräfte und ihre große Kompliziertheit, die sich immer noch einer direkten Berechnung widersetzt. Ein Analogon in der QED ist vielleicht nützlich: Auch Atome, die ja nach außen hin ebenfalls elektrisch neutral sind, üben in geringem Abstand voneinander elektrische Kräfte aufeinander aus, wodurch sich u. a. die Molekülbindung erklären läßt.

In diesem Bereich der gebundenen Zustände (Mesonen und Baryonen) hat man Rechenverfahren in der QCD entwickelt, welche der statistischen Thermodynamik entnommen sind. Als Näherung wird der Raum in diskrete Raum-Zeitpunkte aufgeteilt – ein vierdimensionales Gitter. Bei der praktischen Lösung des Problems können Monte-Carlo Verfahren eingesetzt werden – eine Anwendung von Hochleistungsrechenmaschinen in der theoretischen Physik. Als Fernziele hat man sehr fundamentale Ergebnisse wie die Berechnung der Protonmasse oder des magnetischen Moments des Protons oder den Beweis für das „Confinement", die Unmöglichkeit ein freies Quark darzustellen. Es läßt sich z. Zt. noch nicht absehen, ob diese Ziele erreicht werden können.

---

[1]) $\Gamma(\Upsilon \to 3 \text{ Gluonen}) = \dfrac{40(\pi^2 - 9)}{81} \cdot \dfrac{|\Psi(0)|^2}{M_Q^2} \cdot \alpha_s^3$

M_Q = Quarkmasse $\cong 1/2$ Υ-Masse, $\Psi(0)$ = Quarkwellenfunktion im Ursprung.

8 Leptonen und Quantenelektrodynamik

8.1 Systematik der Leptonen

Leptonen sind Teilchen mit Spin 1/2. Sie haben keine starke Wechselwirkung. Experimente konnten bislang keine Struktur der Leptonen feststellen, d. h. innerhalb der Meßgenauigkeit verhalten sich die Leptonen wie punktförmige Teilchen. Tab. 8.1 gibt eine Übersicht. Eine entsprechende Tabelle gibt es für die Antileptonen $e^+\bar{\nu}_e$, $\mu^+\bar{\nu}_\mu$, $\tau^+\bar{\nu}_\tau$.

Tab. 8.1 Leptonen

Teilchen	Masse in MeV/c²	mittl. Lebensdauer in s	Zerfall	el. Ladung
Elektron e^-	0,511	stabil ($>2 \cdot 10^{22}$ J.)	–	–1
e-Neutrino ν_e	<46 eV	–	–	0
Muon μ^-	105,66	$2,197 \cdot 10^{-6}$	$e^- \bar{\nu}_e \nu_\mu$	–1
μ-Neutrino ν_μ	<0,25	–	–	0
Tau τ^-	1784	$3,04 \cdot 10^{-13}$	[1])	–1
τ-Neutrino ν_τ	<35 [2])	–	–	0

[1]) τ-Zerfälle: $e^-\bar{\nu}_e\nu_\tau$, $\mu^-\bar{\nu}_\mu\nu_\tau$, $\pi^-\nu_\tau$, $\rho^-\nu_\tau$, $K^-\nu_\tau$, $\pi^+\pi^-\pi^-\nu_\tau$
[2]) noch nicht direkt nachgewiesen

Die Leptonen in Tab. 8.1 sind jeweils paarweise zusammengefaßt: Ein geladenes Lepton und sein Neutrino gehören zusammen. Insgesamt gibt es drei solcher Paarungen, die man auch Generationen nennt:

1. Generation (e^-, ν_e): Die „Entdeckung" des Elektrons ist verbunden mit dem Heraufkommen des atomaren Weltbildes. Marksteine sind die genaue Bestimmung der Elementarladung durch Millikan 1911 und die Elektronentheorie von H. A. Lorentz 1895.
Zur Entdeckung des Neutrinos wurde man durch das Studium des Kern-β-Zerfalls geführt. Beim β-Zerfall tritt ein Elektron zusammen mit einem $\bar{\nu}_e$ (Anti-Elektron-Neutrino) auf, beim K-Einfang verwandelt sich ein Elektron in ein Elektron-Neutrino (ν_e). Gibt man dem Elektron die Leptonzahl L = +1, dem Neutrino (ν_e) ebenfalls L = +1 sowie den Antiteilchen (e^+, $\bar{\nu}_e$) die Leptonzahl L = –1, so kann man den Erhaltungssatz der Leptonzahl formulieren:
Die Summe der Leptonenzahlen ist bei jeder Reaktion erhalten. Dies gilt für alle Arten der Wechselwirkung.

Das Neutrino (ν) und Antineutrino ($\bar{\nu}$) sind durch ihre Leptonzahl unterschiedene Teilchen. Beim normalen β-Zerfall entstehen also Antineutrinos zusammen mit e^-, ein Kernreaktor ist hauptsächlich eine Quelle von $\bar{\nu}_e$. Deswegen verläuft die Nachweisreaktion für Elektron-Neutrinos vermöge (s. Abschn. 1.4)

$$\bar{\nu}_e p \rightarrow e^+ n.$$

2. Generation (μ^-, ν_μ): Das Muon wurde 1937 von C. D. Anderson und O. Neddermeyer in der kosmischen Strahlung entdeckt und zunächst für das von Yukawa vorausgesagte Quant der starken Wechselwirkung gehalten[1]). Später erkannte man jedoch, daß das Muon große Materiemengen ohne Absorption durchdringen kann und infolgedessen keine starke Wechselwirkung hat. Deswegen sind z. B. von den Teilchen der kosmischen Strahlung in Meereshöhe fast nur noch die Muonen übriggeblieben. Ihre Intensität ist verhältnismäßig groß: $(9,8 \pm 0,4) \cdot 10^{-3}/\text{cm}^2 \cdot$ s sterad in Vertikalrichtung.

Das Myon hat keine Zerfälle der Form $\mu^- \rightarrow e^- \gamma$ oder $\mu^- \rightarrow e^+ e^- e^-$. Es bestehen sehr empfindliche obere Grenzen für die Verzweigungsverhältnisse:

$$B(\mu^- \rightarrow e^- \gamma) = \frac{\Gamma(\mu^- \rightarrow e^- \gamma)}{\Gamma(\mu^- \rightarrow e^- \bar{\nu}_e \nu_\mu)} < 5 \cdot 10^{-11}$$

($\Gamma(\mu^- \rightarrow e^- \gamma)$ = Rate für den Zerfall $\mu^- \rightarrow e^- \gamma$) (8.1)

$$B(\mu^- \rightarrow e^+ e^- e^-) < 10^{-13}$$

Da diese Zerfälle dem Energie- und Drehimpulssatz nicht widersprechen, ist ihre Abwesenheit höchst verwunderlich. Was verhindert sie? Dies ist bis heute ein Rätsel geblieben. Man beschreibt den empirischen Sachverhalt durch Einführung einer neuen Quantenzahl: Man gibt dem μ^-, ν_μ die Muonzahl L_μ = +1. Tab. 8.2 zeigt die vollständige Liste aller Quantenzahlen für die Leptonen, wobei für das Tau ebenfalls eine extra τ-Zahl L_τ eingeführt wird.

Nun gilt der Satz von der Erhaltung der Elektron-, Muon- und Tauquantenzahl L_e, L_μ, L_τ: Die Summe der Quantenzahlen L_e der an einer Reaktion beteiligten Leptonen bleibt erhalten. Genau derselbe Erhaltungssatz gilt sinngemäß für L_μ und L_τ.

Die Begründung besteht in den experimentell gefundenen Auswahlregeln. Für das Muon sind dies die Beziehungen in Gl (8.1). Für das ν_μ wurde die Existenz dieser Auswahlregel durch die erstmalige Beobachtung von Neutrinoreaktionen an einem Hochenergiebeschleuniger gezeigt. Fig. 8.1 zeigt eine moderne Experimentieranordnung. Im Gegensatz zu Reaktorexperimenten kommen diese Neutrinos größtenteils aus dem Pionzerfall:

$$\pi^+ \rightarrow \mu^+ \nu_\mu$$
$$\pi^- \rightarrow \mu^- \bar{\nu}_\mu \qquad (8.2)$$

Hierbei sind die Neutrinoarten schon gemäß dem L_μ-Erhaltungssatz richtig eingesetzt. Zum Beweis dafür, daß dies die richtige Zuordnung ist, beobachtet man die schwache

---

[1]) Deswegen findet man in der älteren Literatur gelegentlich noch die Bezeichnung μ-Meson".

8 Leptonen und Quantenelektrodynamik

Wechselwirkung dieser Neutrinos:

$$\nu_\mu N \to \mu^- + \text{Hadronen (Neutrino aus } \pi^+\text{-Quelle)} \quad (N = \text{Nukleon})$$

$$\bar{\nu}_\mu N \to \mu^+ + \text{Hadronen (Neutrino aus } \pi^-\text{-Quelle)}.$$

Diese Reaktionen erhalten L_μ. Die folgenden Reaktionen, welche L_μ nicht erhalten, werden nicht beobachtet:

$$\nu_\mu N \not\to (e^- + \text{Hadronen oder } e^+ + \text{Hadronen})$$

$$\nu_\mu N \not\to \mu^+ + \text{Hadronen}$$

$$\bar{\nu}_\mu N \not\to \mu^- + \text{Hadronen}$$

Die Grenzen für das Nichtauftreten dieser Reaktion sind nicht so gut wie die entsprechenden (Gl. 8.1) für das $\mu^\pm$ — sie betragen 10^{-2} bis 10^{-3}.

Tab. 8.2 Lepton-Quantenzahlen

Lepton	L	L_e	L_μ	L_τ
e^-	1	1	0	0
ν_e	1	1	0	0
μ^-	1	0	1	0
ν_μ	1	0	1	0
τ^-	1	0	0	1
ν_τ	1	0	0	1
Antileptonen	L	L_e	L_μ	L_τ
e^+	−1	−1	0	0
$\bar{\nu}_e$	−1	−1	0	0
μ^+	−1	0	−1	0
$\bar{\nu}_\mu$	−1	0	−1	0
τ^+	−1	0	0	−1
$\bar{\nu}_\tau$	−1	0	0	−1

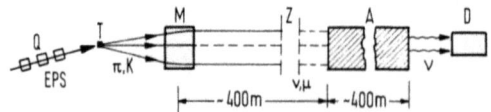

Fig. 8.1 a) Aufbau eines Neutrinostrahls (schematisch). Der ejizierte Protonstrahl EPS von etwa 400 GeV/c Impuls des CERN Super-Proton-Synchrotrons wird mit den Quadrupolmagneten Q auf ein Target T aus Schwermetall fokussiert. Die darin erzeugten Hadronen (Pionen und Kaonen) werden durch einen Spezial-Fokussiermagneten M gebündelt und in Richtung der Detektoren D gelenkt. Die Hadronen zerfallen im Zerfallskanal Z, die dabei neben den Neutrinos entstehenden Muonen werden in einem Absorber A (Eisen und Erde) gestoppt, übrig bleiben die Neutrinos

8.1 Systematik der Leptonen 105

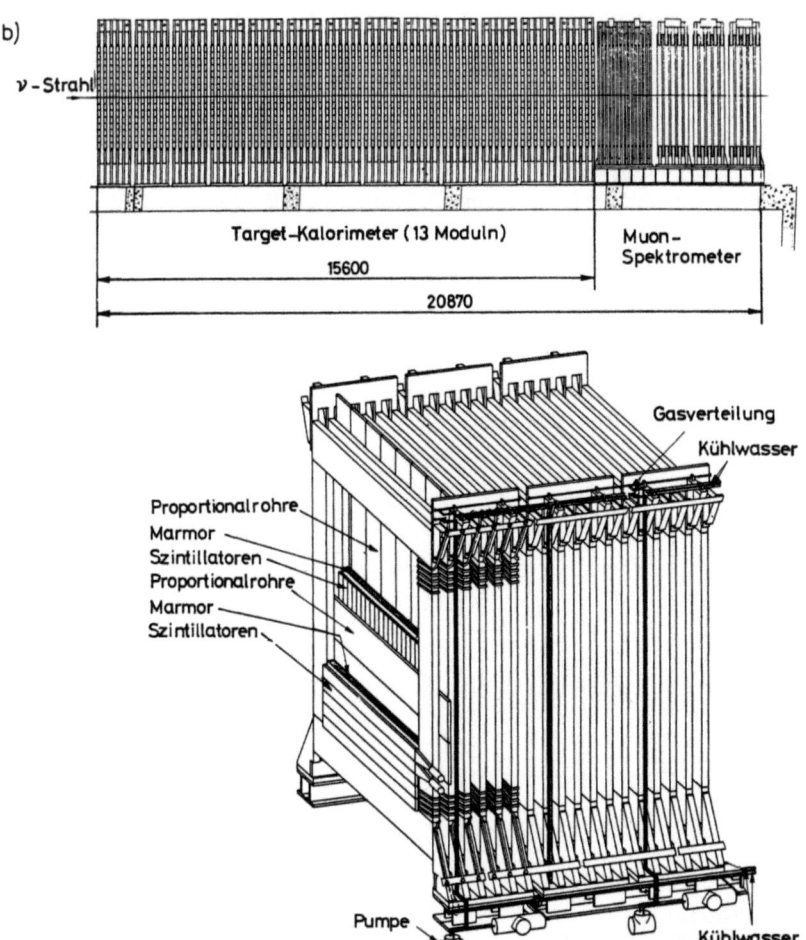

Fig. 8.1 b) Beispiel eines Neutrino-Detektors (CERN-Hamburg-Amsterdam-Rom-Moskau-Kollaboration). Das Experiment ist ein sogenanntes Kalorimeter (s. Abschn. 3.5). Es gestattet den Ionisationsverlust der Teilchen einer Neutrinoreaktion zu erfassen. Dies geschieht durch abwechselnde Lagen von Proportionalzählrohren, Szintillatoren und Marmorplatten. Das Muon wird in magnetisierten Eisenplatten an den Rändern und am hinteren Ende des Aufbaus abgelenkt und somit seine Energie bestimmt (alle Maße in mm)

Dies zeigt, daß (1) die Neutrinos, die aus dem Pionzerfall kommen, anders sind als diejenigen aus dem Reaktor, und daß (2) ν_μ und $\bar{\nu}_\mu$ verschiedene Teilchen sind: die ν_μ aus dem π^+-Zerfall machen nur μ^- und umgekehrt. Damit ist die Zuordnung der Quantenzahlen aus Tab. 8.2 gerechtfertigt.

106 8 Leptonen und Quantenelektrodynamik

3. Generation (τ^-, ν_τ): Die τ-Leptonen werden wie die Muonen in der Annihilationsreaktion

$$e^+e^- \rightarrow \tau^+\tau^-$$

beobachtet. Die Taus werden anhand ihrer Zerfälle in einem Detektor identifiziert (s. Fig. 8.2). Das Tau gehorcht der elektromagnetischen Wechselwirkung genau wie das Muon und das Elektron (s. weiter unten). Trotzdem werden die nach dem Energiesatz erlaubten Zerfälle

$$\tau^- \rightarrow \mu^- e^+ e^-$$
$$\rightarrow \mu^- \gamma$$
$$\rightarrow e^- \gamma$$
$$\rightarrow e^- e^+ e^-$$

nicht beobachtet ([Fl 79]). Dieser Sachverhalt wird wieder durch das Einführen einer Tau-Zahl L_τ beschrieben (aber nicht erklärt).

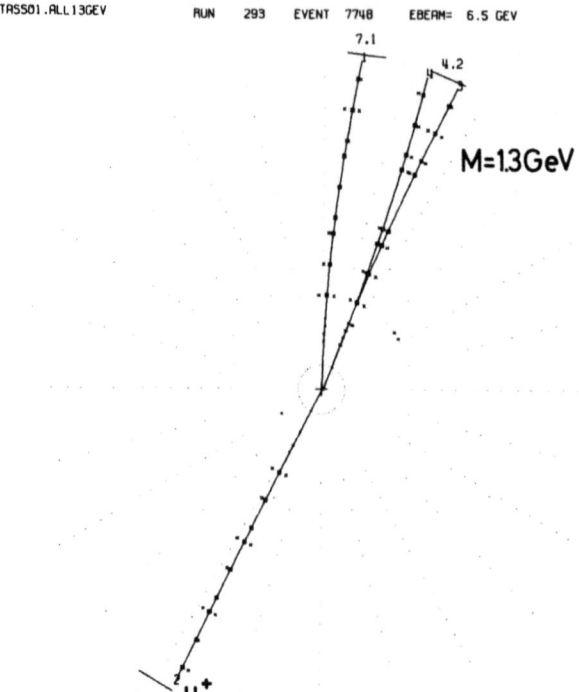

Fig. 8.2 Erzeugung und Zerfall eines Paars von τ-Leptonen: $e^+e^- \rightarrow \tau^+\tau^-$. Die e^+e^--Annihilation und die τ-Paarproduktion erfolgt im Wechselwirkungspunkt des PETRA-Speicherrings. Das τ^+ und das τ^- zerfallen sofort: $\tau^+ \rightarrow \mu^+ \nu_\mu \bar{\nu}_\tau$, $\tau^- \rightarrow \pi^- \pi^+ \pi^- \nu_\tau$. Die geladenen Teilchen μ^+, π^+, π^-, π^- werden in den zylindrischen Driftkammern des TASSO-Detektors nachgewiesen. Das μ^+ wird durch seine Fähigkeit identifiziert, einen Eisenabsorber zu durchdringen. Blick entlang der Strahlachse

8.2 Elektromagnetische Wechselwirkung der geladenen Leptonen

Das Tau-Neutrino ist noch nicht durch seine schwache Reaktion nachgewiesen. Die Systematik der Tau-Zerfälle legt jedoch sehr nahe, daß es nicht mit dem ν_e oder ν_μ identisch ist, und ebenfalls die Tau-Quantenzahl trägt.

8.2 Elektromagnetische Wechselwirkung der geladenen Leptonen

Die geladenen Leptonen sind e^-, μ^-, τ^- und ihre Antiteilchen e^+, μ^+, τ^+. Sie haben keine starke Wechselwirkung, und bei nicht zu hohen Energien kann die schwache Wechselwirkung vernachlässigt werden, so daß ihre Reaktionen eine saubere Prüfung der Gesetze der Quantenelektrodynamik gestatten.

Die klassischen Experimente zur Prüfung der Quantenelektrodynamik sind die folgenden:

(i) $e^+e^- \to e^+e^-$ (iii) $e^+e^- \to \tau^+\tau^-$
(ii) $e^+e^- \to \mu^+\mu^-$ (iv) $e^+e^- \to \gamma\gamma$.

Fig. (3.7) zeigt das Beispiel eines Experiments am Elektron-Positronspeicherring PETRA, welches die Messung der Reaktionen (i) bis (iv) in einem großen Raumwinkel gestatten. Dabei werden e^+, e^-, γ in Schauerzählern, $\mu^+\mu^-$ durch ihren Nachweis hinter 70–100 cm Eisenabsorber, und $\tau^+\tau^-$ anhand ihres Zerfalles identifiziert. Fig. 8.3 zeigt ein Beispiel der Reaktion $e^+e^- \to e^+e^-$.

Der Wirkungsquerschnitt für die Reaktionen (i) bis (iv) kann mit den Regeln der QED berechnet werden. Lediglich die Formeln in der niedrigsten Ordnung der Störungsrechnung werden hier angegeben.

Die differentiellen Wirkungsquerschnitte sind die folgenden: (Näherung $E \gg m_e \cdot c^2$, E = Energie des Elektrons, bzw. Positrons im Schwerpunktsystem, Schwerpunktenergie $\sqrt{s} = 2E$), θ = Winkel zwischen einlaufendem e^- und auslaufendem e^-, μ^-, τ^-, $\hbar c = 1{,}973 \cdot 10^{-14}$ GeV · cm, $\alpha = 1/137{,}036$ (Feinstrukturkonstante)

(i) $e^+e^- \to e^+e^-$

$$\frac{d\sigma}{d\Omega} = \frac{\alpha^2 \cdot (\hbar c)^2}{4E^2} \left[\frac{1}{2} \frac{1 + \cos^4 \theta/2}{\sin^4 \theta/2} + \frac{1}{4}(1 + \cos^2 \theta) - \frac{\cos^4 \theta/2}{\sin^2 \theta/2} \right]$$

$$= \frac{\alpha^2 \cdot (\hbar c)^2}{4E^2} \cdot \frac{1}{4} \left(\frac{3 + \cos^2 \theta}{1 - \cos \theta} \right)^2 \tag{8.3}$$

(ii) $e^+e^- \to \mu^+\mu^-$

$$\frac{d\sigma}{d\Omega} = \frac{\alpha^2 \cdot (\hbar c)^2}{4E^2} \cdot \frac{p_\mu}{4E} \left(1 + \cos^2 \theta + \frac{m_\mu^2}{E^2} \sin^2 \theta \right) \tag{8.4}$$

$c \cdot p_\mu = \sqrt{E^2 - m_\mu^2 \cdot c^4}$ Muon-Impuls im Schwerpunktsystem

(iii) $e^+e^- \to \tau^+\tau^-$

Wie (ii), nur m_τ statt m_μ.

(iv) $e^+e^- \to \gamma\gamma$

$$\frac{d\sigma}{d\Omega} = 2 \cdot \frac{\alpha^2 \cdot (\hbar c)^2}{4E^2} \cdot \frac{\cos^4 \theta/2 + \sin^4 \theta/2}{\sin^2 \theta + (m_e/E)^2 \cos^2 \theta}. \tag{8.5}$$

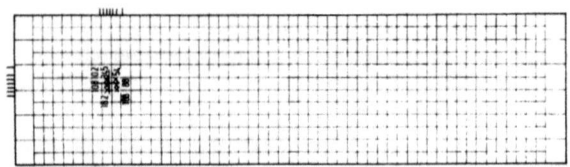

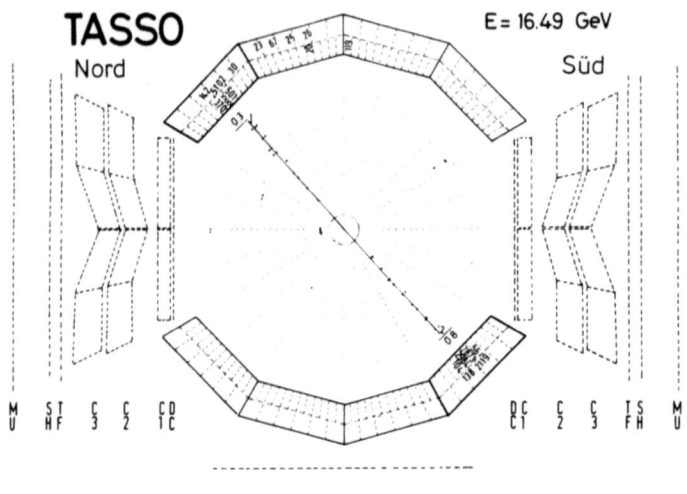

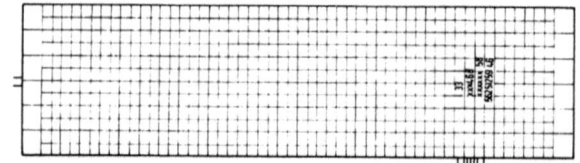

Fig. 8.3 Nachweis der elastischen Streureaktion $e^+e^- \to e^+e^-$ im PETRA-Speicherring mit dem TASSO-Detektor (s. Fig. 3.7). Blick entlang der Strahlachse. Die e^+- und die e^--Spuren kommen aus dem Wechselwirkungspunkt in der Mitte des Detektors. Sie sind (fast) kollinear und werden in einer zylindrischen Driftkammer gemessen. Hinter der Kammer treffen sie auf einen flüssig-Argon-Schauerzähler und werden als Elektronen identifiziert, da sie ihre gesamte Energie als Schauer an den Schauerzähler abgeben. Oben und unten ist der Schauerzähler abgewickelt gezeichnet, man erkennt nochmals die beiden Schauer

8.2 Elektromagnetische Wechselwirkung der geladenen Leptonen   109

Fig. 8.4 zeigt den Vergleich zwischen Theorie und Experiment für Reaktion (i). Es gibt keine Abweichungen außerhalb der Fehler. Prüfung der anderen Reaktionen (ii) bis (iv) gibt dasselbe Resultat. Eine Auswertung dieser Messungen im Rahmen der QED zeigt, daß diese Theorie bis herab zu Abständen von mindestens $\sim 10^{-16}$ cm in Übereinstimmung mit der Erfahrung ist. Das bedeutet u. a., daß die geladenen Leptonen $e^{\pm}$, $\mu^{\pm}$, $\tau^{\pm}$ innerhalb der heutigen experimentellen Erfahrung punktförmig sind, mindestens bis herab zu Abständen von etwa 10^{-16} cm.

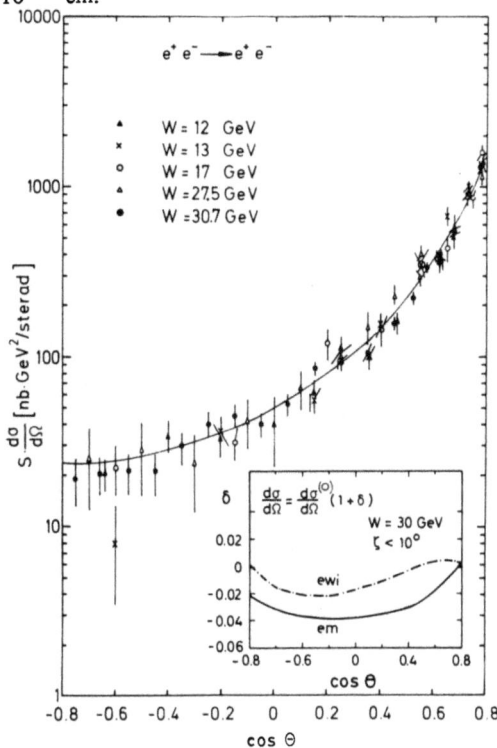

Fig. 8.4
Vergleich der Messung der Reaktion $e^+e^- \to e^+e^-$ mit der Theorie (QED). Aufgetragen ist $s \cdot d\sigma/d\Omega$ gegen den cos des Streuwinkels θ. Wegen Gl. (8.3) sollten alle Meßpunkte, unabhängig von der Schwerpunktenergie $W = \sqrt{s}$, auf einer Kurve liegen. Dies ist der Fall. Es stimmt also sowohl die Energie- wie auch die Winkelabhängigkeit der Meßwerte mit der Theorie (durchgezogene Kurve) überein. Das eingesetzte Bild zeigt den sehr kleinen Beitrag der schwachen Wechselwirkung (ewi) (aus [Br 80])

Eine zweite Klasse von QED-Tests prüft das Vorhandensein von Korrekturen höherer Ordnung, die als solche typisch quantenmechanische Effekte darstellen. Hier werden die folgenden erwähnt:

(i) **Lamb-shift** Nach der Dirac-Theorie hängt die Lage der Energieniveaus im Wasserstoffatom nur von der Hauptquantenzahl n und vom Gesamtdrehimpuls J, nicht aber vom Bahndrehimpuls ℓ ab (man sieht dabei von der Hyperfeinstruktur-Aufspaltung[1]) ab.) Diese Entartung wird durch Korrekturen höherer Ordnung der QED aufgehoben: Die Terme $S_{1/2}(\ell = 0, J = 1/2)$ und $P_{1/2}(\ell = 1, J = 1/2)$ im Wasserstoffspektrum spalten auf. Diesen Niveauunterschied nennt man den „Lamb-shift". Die Aufspaltung läßt sich

---

[1]) Wechselwirkung zwischen Proton- und Elektronspin.

8 Leptonen und Quantenelektrodynamik

mit Mikrowellenmethoden messen und sie beträgt

$$S_{Lamb} = 1057{,}90 \pm 0{,}06 \text{ MHz.}$$

Der theoretische Wert des Lamb-shifts ist damit in Übereinstimmung:

$$S_{th} = 1057{,}911 \pm 0{,}011 \text{ MHz.}$$

Dieses dürfte eine der genauesten Bestätigungen eines Naturgesetzes sein[1]).

(ii) Anomales magnetisches Moment des Elektrons und Muons Nach der Dirac-Gleichung ist das magnetische Moment des Elektrons

$$\mu_e = \frac{1}{2} g \cdot \mu_B, \quad \text{wobei} \quad \mu_B = \frac{e\hbar}{2m_e} \quad \text{(Bohrsches Magneton)}$$

Der Wert von $\dot{g} = 2$ (g-Faktor) der klassischen Diracschen Theorie erhält in der Quantenfeldtheorie Korrekturen, und sein genauer Wert ist gegeben durch

$$g = 2(1 + a), \quad a \approx \frac{\alpha}{2\pi} \quad (\text{„Anomalie"})$$

Zur Messung von a benutzt man die Tatsache, daß für g = 2 die Spin-Präzessionsfrequenz eines Teilchens in einem homogenen Magnetfeld H genau gleich seiner Umlauffrequenz f ist. Der Spin folgt also der Bahntangente. Ist $g \neq 2$, so ist die relative Spindrehung ein Maß für a. Durch Messung der Spindrehung kann man a sehr genau messen. Man erhält experimentell:

$$a_e^- = (1159652200 \pm 40) \cdot 10^{-12} \quad \text{(Elektron)}$$

$$a_e^+ = (1160200 \pm 1100) \cdot 10^{-9} \quad \text{(Positron)}$$

und $\quad a_{th} = 1159652566 \cdot 10^{-12} \quad$ (Theorie).

Die kleine Diskrepanz zwischen Theorie und Experiment ist im Moment nicht ernst zu nehmen, sie kann vielleicht durch die Unsicherheit des für die Berechnung verwendeten Wertes von α und durch das Vernachlässigen der Beiträge von Termen mit $(\alpha/\pi)^4$ erklärt werden.

Für das Muon erhält man das experimentelle Resultat

$$a^\mu = (1165924 \pm 9) \cdot 10^{-9}.$$

Das theoretische Resultat ist

$$a_{th}^\mu = (1165851{,}8 \pm 2{,}4) \cdot 10^{-9}.$$

Zwischen Theorie und Experiment besteht eine kleine, aber signifikante Diskrepanz. Diese läßt sich dadurch erklären, daß Effekte der starken Wechselwirkung in die Korrekturterme der sogenannten Vakuumpolarisation eingehen. Hierbei werden in dem sehr starken elektrischen Feld sehr nahe der Ladung virtuelle Elektron-Positronpaare

---

[1]) Der Lambshift wurde erstmals 1947 von W. E. Lamb und R. C. Retherford mit Mikrowellenmethoden gemessen. Für die Berechnung des Effekts mußten zunächst große grundsätzliche Schwierigkeiten in der Theorie überwunden werden.

8.2 Elektromagnetische Wechselwirkung der geladenen Leptonen 111

und auch virtuelle Quark-Antiquarkpaare gebildet (vgl. die Ausführungen unter 1.3 zum Pion). Diese Paare bewirken ähnlich wie ein polarisierendes Medium eine Modifizierung des Coulomb-Potentials einer Punktladung und modifizieren die Lage der Spektralterme („Lambshift") und den Wert des magnetischen Moments.

(iii) Muon Atome Das μ^- kann in einem Kern eingefangen werden. Da die μ-Lebensdauer viel länger ist als die Zeit für typische Übergänge in der Hülle, kommt es zur Ausbildung von Muon-Atomen bzw. Molekülen. Das Muon fällt schließlich in die innerste Schale (Bahn) des Atoms. Das kann es tun, da das μ^- unterschiedlich von den Elektronen der Hülle ist und somit kein Hindernis wegen des Pauliprinzips besteht. Die Größe dieses Muonatoms ist etwa um einen Faktor m_μ/m_e kleiner als die eines normalen Atoms, seine Energieniveaus liegen etwa um denselben Faktor m_μ/m_e tiefer. Muonatome sind ausführlich erforscht worden und dienen heute u. a. schon als Hilfsmittel für

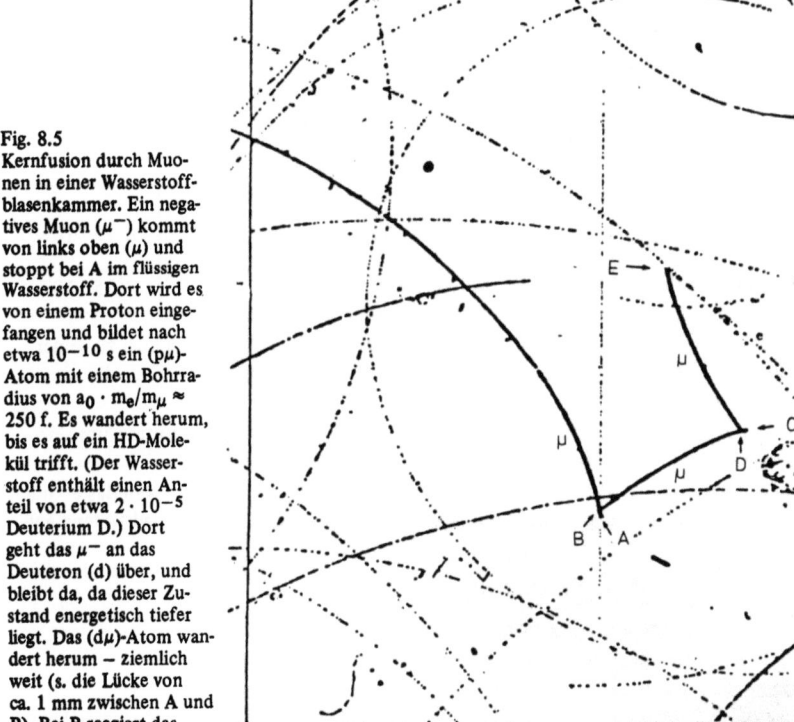

Fig. 8.5
Kernfusion durch Muonen in einer Wasserstoffblasenkammer. Ein negatives Muon (μ^-) kommt von links oben (μ) und stoppt bei A im flüssigen Wasserstoff. Dort wird es von einem Proton eingefangen und bildet nach etwa 10^{-10} s ein (pμ)-Atom mit einem Bohrradius von $a_0 \cdot m_e/m_\mu \approx 250$ f. Es wandert herum, bis es auf ein HD-Molekül trifft. (Der Wasserstoff enthält einen Anteil von etwa $2 \cdot 10^{-5}$ Deuterium D.) Dort geht das μ^- an das Deuteron (d) über, und bleibt da, da dieser Zustand energetisch tiefer liegt. Das (dμ)-Atom wandert herum — ziemlich weit (s. die Lücke von ca. 1 mm zwischen A und B). Bei B reagiert das (dμ)-Atom mit H$_2$ und bildet ein (dμp)-Molekül. Dieses Molekül ist sehr klein wegen der großen Muonmasse (p und d sind etwa 500 f entfernt). Wegen dieser Nähe wird eine p-d-Fusion verhältnismäßig wahrscheinlich. p + d → He^3 + Energie: Muon-katalysierte Fusion. Die Energie wird teilweise auf das μ^- übertragen: Es erhält eine kinetische Energie von 5,4 MeV und fliegt 1,7 cm weit bis zum Punkt C, wo sich das Spiel wiederholt. Leider geht dies nicht sehr oft, sonst könnte man auf diese Weise Fusionsenergie gewinnen. Bei E endlich zerfällt das μ^- in ein Elektron (e) und zwei Neutrinos (aus [Do 63])

Untersuchungen in der Festkörperphysik. Auch anhand der Muon-Atome hat man die Gültigkeit der QED genau bestätigen können. Fig. 8.5 zeigt ein bizarres Phänomen eines p-d-μ-Moleküls: Fusion. Es ist schade, daß man zur Erzeugung eines Muons so viel Energie aufwenden muß, so daß dies kein praktisch brauchbarer Weg für die Kernfusion ist.

(iv) Positronium Elektron und Positron können einen gebundenen Zustand bilden. Dieser heißt Positronium. Hier nimmt das Positron sozusagen die Rolle des Protons im Wasserstoffatom ein. Man kann Positronium machen, indem man Positronen in Materie abbremst. Der Grundzustand des Positroniums hat Bahndrehimpuls $\ell = 0$. Die beiden Spins von Elektron und Positron können sich zum Gesamtspin S = 0 (Parapositronium) und Gesamtspin 1 (Orthopositronium) addieren.

Das Positronium ist nicht stabil und annihiliert. Wegen der Erhaltung des Drehimpulses und der Ladungskonjugations-Parität annihiliert das Parapositronium in zwei Photonen, das Orthopositronium aber in drei Photonen. Es hat dementsprechend eine längere mittlere Lebensdauer als das Parapositronium. Tab. 8.3 gibt eine Übersicht über die Eigenschaften des Positroniums.

Tab. 8.3 Positroniumzustände für $\ell = 0$

	Gesamt-drehimpuls	Spin-Wellenfunktion von e^+ und e^-	Annihilation	Mittlere Lebensdauer in s
Orthopositronium	1	$(\uparrow_+\uparrow_-)$ $(\uparrow_+\downarrow_- + \downarrow_+\uparrow_-)/\sqrt{2}$ $(\downarrow_+\downarrow_-)$	3γ	$1{,}39 \cdot 10^{-7}$
Parapositronium	0	$(\uparrow_+\downarrow_- - \downarrow_+\uparrow_-)/\sqrt{2}$	2γ	$1{,}25 \cdot 10^{-10}$

Das Positronium ist eingehend untersucht worden. Die Positronen, die man zu seiner Bildung benötigt, kommen entweder aus e^+-emittierenden Kernen oder aus der e^+e^--Paarerzeugung.

Die Lebensdauer und die Zerfallseigenschaften von Ortho- und Parapositronium sind experimentell genau verifiziert worden. Orthopositronium hat eine etwas höhere Energie als Parapositronium. Der Übergang (J = 1 → J = 0) ist sehr langsam, weil das e^+ oder e^- seine Spineinstellung ändern muß, was es nicht gerne tut. Die Energiedifferenz entspricht ($\Delta E = h\nu$) einer Frequenz

$$\nu = 203{,}3860 \pm 0{,}0016 \text{ GHz},$$

die ebenfalls experimentell genau verifiziert worden ist.

Diese Untersuchungen sind wegen ihrer Genauigkeit wichtige Prüfungen der Gesetze der Quantenelektrodynamik.

Universalität Die Ergebnisse dieses Abschnitts zeigen, daß die elektromagnetische Wechselwirkung von Elektron, Muon und Tau durch die Quantenelektrodynamik richtig beschrieben wird, wenn man nur jeweils in die Formeln die Masse des entsprechenden Leptons einsetzt. Das Muon und Tau sind also lediglich schwere Ausgaben des Elektrons, außer der Masse unterscheiden sie sich in nichts. In Abschn. 9 wird dargelegt, daß dieses identische Verhalten auch hinsichtlich der schwachen Wechselwirkung gilt. Die verschiedene Masse der geladenen Leptonen hat also auf ihre Wechselwirkungseigenschaften keinen Einfluß, sie verhalten sich alle drei genau gleich. Dieses Phänomen nennt man Universalität von Elektron, Muon und Tau. Es ist bis heute ein Rätsel, warum drei Teilchen existieren, die in allem völlig gleich sind bis auf ihre Massen. Die unterschiedlichen Massen können, wie gesagt, nicht durch eine unterschiedliche Wechselwirkung der drei Leptonen bedingt sein, noch durch ihre innere Struktur. Die Ausführungen dieses Abschnitts zeigen ja, daß alle 3 Teilchen innerhalb der Meßgenauigkeit punktförmig sind.

9 Die schwache Wechselwirkung

9.1 Der Strom-Strom-Ansatz

In Abschn. 5.5 wurde dargelegt, daß die fundamentalen Wechselwirkungen durch Austausch von Bosonen zustande kommen. Im Falle der elektromagnetischen Wechselwirkung werden Photonen ausgetauscht. Dies ist experimentell sehr gut gesichert (s. Abschn. 8.2). Im Vergleich damit weniger solide ist das experimentelle Fundament für die Vorstellung, daß die starke Wechselwirkung zwischen Quarks durch den Austausch von Gluonen zustande kommt (Abschn. 7.2).

Auch im Falle der schwachen Wechselwirkung ist es naheliegend, dieselbe durch den Austausch eines Bosons zu beschreiben. Für den Neutron-β-Zerfall

$$n \to p e^- \bar{\nu}_e$$

zeigt Fig. 5.7 ein solches Schema. Das Neutron und das Proton koppeln an ein Boson W^-. Dieses muß natürlich eine Ladung tragen. Durch die Kopplung des W^- an ein $e^- \bar{\nu}_e$-Paar kann der β-Zerfall erfolgen vermöge der Erklärung in Fig. 5.7.

Der Prozeß, der in Fig. 5.7 dargestellt ist, läßt sich nach den Regeln der Quantenmechanik berechnen. Die erste Frage, die sich stellt, ist die nach dem Spin des W-Bosons. Die Rechnungen zeigen, daß die Winkelkorrelation zwischen e^- und $\bar{\nu}_e$ ganz verschieden herauskommt, je nachdem das W-Boson den Spin 0, 1, oder 2 hat. Dies wurde an den β-Zerfällen von

$$He^6 (He^6 \to Li^6 e^- \bar{\nu}_e) \quad \text{und} \quad Ar^{35} (Ar^{35} \to K^{35} e^- \bar{\nu}_e)$$

experimentell geprüft. Natürlich kann man den Winkel des $\bar{\nu}_e$ nicht direkt messen, aber er kann aus der Impulserhaltung berechnet werden, wenn man den Rückstoßkern (Li^6, K^{35}) und das e^- mißt. Man findet, daß der Spin des W gleich eins ist, das W-Boson ist also ein Vektorteilchen.

Dasselbe entnimmt man der Winkel- und Energieverteilung der Elektronen aus dem Muon-Zerall:

$$\mu^- \to e^- \bar{\nu}_e \nu_\mu$$

und, weniger zwingend, findet man dies auch für das τ^-.

9 Die schwache Wechselwirkung

Die Ähnlichkeit mit der elektromagnetischen und der starken Wechselwirkung ist möglicherweise sehr bedeutsam: Alle drei Wechselwirkungsarten haben ein Spin-1 Vektorboson als Vermittler der Kraft[1]).

Für die schwache Wechselwirkung braucht man wenigstens drei Vektorbosonen, um alle beobachteten Reaktionstypen erklären zu können: W^+, W^-, Z^0 mit elektrischer Ladung +1, −1, 0.

Die Elementarreaktion für die schwache Wechselwirkung von Leptonen erfolgt durch die Kopplung dieser Vektorbosonen an die Leptonpaare (s. Fig. 9.1 und 9.2)[2]).

Geladene Paare:

$$\begin{aligned} W^+ &\to e^+ \nu_e & W^- &\to e^- \bar{\nu}_e \\ &\to \mu^+ \nu_\mu & &\to \mu^- \bar{\nu}_\mu \\ &\to \tau^+ \nu_\tau & &\to \tau^- \bar{\nu}_\tau \end{aligned} \qquad (9.1)$$

Neutrale Paare:

$$\begin{aligned} Z^0 &\to e^+ e^-, \quad \mu^+ \mu^-, \quad \tau^+ \tau^- \\ Z^0 &\to \nu_e \bar{\nu}_e, \quad \nu_\mu \bar{\nu}_\mu, \quad \nu_\tau \bar{\nu}_\tau \end{aligned} \qquad (9.2)$$

Die W- und Z-Bosonen treten als virtuelle Teilchen zwischen den Reaktionspartnern auf. Mit ihrer Hilfe kann man alle schwachen Reaktionen in Form von Feynmandiagrammen darstellen (Beispiele Fig. 9.1 und 9.2).

Die Stärke der Kopplung des W-Bosons an das $(\mu\nu)$, $(e\nu)$, $(\tau\nu)$-Paar wird durch eine Kopplungskonstante g bestimmt. Diese entspricht der Rolle der elektrischen Ladung e bei der Kopplung eines geladenen Teilchens an das Photon. Nach den Regeln der Quantenmechanik läßt sich die Breite Γ = Wahrscheinlichkeit/Zeiteinheit für die Zerfallsreaktionen der Fig. 9.1 berechnen. Falls die charakteristische Energie des Prozesses (im Fall der Fig. 9.1 z. B. die Muonmasse) klein gegenüber der Masse des W-Bosons M_W ist, gilt

$$\Gamma = \text{proportional } (g \cdot g)^2 / M_W^4 .$$

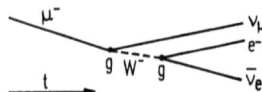

Fig. 9.1 Zerfall des Muons über ein (virtuelles) intermediäres Boson W^-. Die Kopplungskonstante g nimmt die Stelle der Ladung e im elektromagnetischen Fall an. Das μ^- verwandelt sich in ein W^- und ein ν_μ vermöge der Kopplung von W^- an μ^- und $\bar{\nu}_\mu$. Das W^- koppelt an ein $e^- \bar{\nu}_e$ Paar

---

[1]) Dies führt zu ähnlichen Ansätzen für Theorien der elektromagnetischen, starken und schwachen Wechselwirkung: Alle drei sind Eichtheorien. Dies deutet auf eine mögliche Verwandtschaft zwischen den drei Wechselwirkungsarten hin. Davon abgesehen gibt es natürlich im Einzelnen wichtige Unterschiede zwischen den Vektorbosonen der elektromagnetischen, schwachen und starken Kraft.
[2]) Bei dieser und den folgenden Figuren ist zu beachten, daß ein einlaufendes Antifermion (Bewegung in Richtung der positiven Zeit-(t) Achse) einem auslaufendem Fermion äquivalent ist.

Dies sollte eine vernünftige Näherung sein, da die Masse des W etwa 100 GeV ist.
Da das Muon nur den einen Zerfall $\mu^- \to e^- \bar{\nu}_e \nu_\mu$ hat, ist seine mittlere Lebensdauer

$$T_\mu = \hbar/\Gamma = \text{proportional } \frac{\hbar M_W^4}{g^4}. \tag{9.3}$$

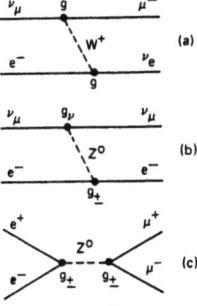

Fig. 9.2
Schwache Wechselwirkung
a) Neutrinoreaktion $\nu_\mu e^- \to \mu^- \nu_e$: Austausch eines W-Bosons
b) $\nu_\mu e^- \to \nu_\mu e^-$: Diese Neutrinoreaktion geht nur durch Austausch eines neutralen Z^0-Bosons (Erhaltung von L_e und L_μ).
Der Nachweis dieser Reaktion am CERN war die erste Demonstration für die Existenz der neutralen Ströme
c) Annihilation von e^+e^- in $\mu^+\mu^-$, jedoch vermöge der schwachen Wechselwirkung durch Austausch eines Z^0 Bosons

Die Lebensdauer hat wegen $\Delta T \cdot \Delta E \sim \hbar$ die Dimension $\hbar$/Energie, folglich muß die Proportionalitätskonstante in Gl. (9.3) die Dimension (Masse)$^{-5} \cdot c^{-2}$ haben. Die einzige Energie in dem Problem außer der W-Masse ist die Ruhenergie $M_\mu \cdot c^2$ des Muons, also ist

$$T_\mu \approx \frac{M_W^4 \cdot \hbar}{g^4 \cdot M_\mu^5 \cdot c^2}. \tag{9.4}$$

Man kann nun die Kombination

$$\frac{M_W^4}{g^4}$$

aus Experimenten der Kernphysik entnehmen. Man drückt sie in der Fermi-Kopplungskonstanten G der schwachen Wechselwirkung aus. Mit

$$G = \frac{\sqrt{2} \cdot g^2}{8 \cdot (M_W \cdot c^2)^2} \tag{9.5}$$

wird Gl. (9.4) nach Berechnung der rein numerischen Proportionalitätskonstanten

$$T_\mu = 192\, \pi^3 \frac{\hbar}{G^2 (M_\mu \cdot c^2)^5}. \tag{9.6}$$

Aus der genau gemessenen Muon-Lebensdauer läßt sich hieraus ebenfalls G bestimmen. Man findet

$$G = 1{,}16637(2) \cdot 10^{-5} \text{ GeV}^{-2}$$

in Übereinstimmung mit der Bestimmung von G aus dem Kern-β-Zerfall: Man kann z. B.

aus der Lebensdauer von O^{14}, die sich theoretisch besonders leicht behandeln läßt (reiner Vektor-Übergang), G ebenfalls ausrechnen. Man findet genauer als ca. 1% denselben Wert[1]). Endlich kann man auch aus der τ-Lebensdauer und Gl. 9.6 (mit M_τ statt M_μ) G berechnen. Die Genauigkeit dieser Messung ist etwa 10% und liefert ebenfalls denselben Wert von G. Hier zeigt sich also, daß die schwache Kopplung aller Leptonen innerhalb der Meßgenauigkeit dieselbe ist. Die Universalität von Elektron, Muon und Tau gilt nicht nur für die elektromagnetische, sondern auch für die schwache Wechselwirkung.

Als nächstes ist die Kopplung der W- und Z-Bosonen an die Quarks zu behandeln. Am einfachsten wäre eine Kopplung analog zu Gl. (9.1) und (9.2). Aus uns unbekannten Gründen hat die Natur eine etwas kompliziertere Form gewählt, nämlich die folgende:

$$\begin{aligned} W^+ &\to u\bar{d}' & W^- &\to \bar{u}d' \\ &\to c\bar{s}' & &\to \bar{c}s' \end{aligned} \quad (9.7)$$

$$Z^0 \to u\bar{u}, c\bar{c}, d'\bar{d}', s'\bar{s}'. \quad (9.8)$$

Hierbei ist d', s' eine Mischung von d und s Quark, $\bar{d}'$, $\bar{s}'$ = Antiteilchen zu d', s'[2]). Die Mischung zweier Teilchen läßt sich nur in quantenmechanischen Begriffen fassen. (Man kann es sich so vorstellen, daß der d'-Zustand zu einem bestimmten Bruchteil der Zeit ein d-, zu einam anderen Bruchteil ein s-Quark ist).

$$|d'> = |d> \cos \theta_c + |s> \sin \theta_c \quad (9.9)$$
$$|s'> = -|d> \sin \theta_c + |s> \cos \theta_c$$

Hier bedeuten die Symbole $|>$ quantenmechanische Zustände, die Anteile von $|d>$ und $|s>$ sind parametrisiert durch die Größe θ_c, welche Cabibbo-Winkel heißt. Es war das Verdienst Cabibbos, durch Einführung eines einzigen weiteren Parameters die seltsamen Teilchen in eine geschlossene Beschreibung der schwachen Wechselwirkung einzubeziehen. Durch die Kopplung $W^+ \to c\bar{s}'$ werden die Charme-Teilchen in die Theorie eingeführt. Diese Idee stammt von Glashow, Iliopoulos und Maiani („GIM"), sie kam schon vor der experimentellen Entdeckung der Charmeteilchen.

Die detaillierten Voraussagen von GIM wurden später experimentell bestätigt und stellen einen der großen Triumphe der theoretischen Physik dar, wie noch gezeigt wird.

Aus Experimenten (s. Abschn. 9.3) folgt für den Wert des Cabibbo-Winkels

$$\sin \theta_c = 0{,}228 \pm 0{,}011.$$

Es ist bis heute nicht gelungen, den Cabibbo-Winkel aus anderen Naturkonstanten zu berechnen. Er muß als Meßgröße, als zusätzlicher Parameter in die schwache Wechselwirkung eingeführt werden.

Wegen $\cos \theta_c \approx 1$ ist für viele überschlägige Überlegungen die Näherung

$$d' \sim d, \; s' \sim s$$

---

[1]) Unter Berücksichtigung des Cabibbo-Winkels, s. weiter unten.
[2]) Erweiterung auf b-, t-Quarks: siehe Kap. 11.

brauchbar. Tab. 9.1 zeigt eine vollständige Übersicht über die Kopplung der Vektorbosonen der schwachen Wechselwirkung an die Fermionen.

Das allgemeinste Schema der schwachen Wechselwirkung ist also das folgende: Bezeichnet $(f\bar{f})_i$ eines der Fermionen-Antifermionenpaare von Tab. 9.1, und W eines der Vektorbosonen W^+, W^-, Z^0, so ist die allgemeinste Form:

$$(f\bar{f})_i \to W \to (f\bar{f})_k. \tag{9.10}$$

Dieses Schema schließt auch Reaktionen der Form

$$f \to f f \bar{f}$$

ein, da nach den Regeln der Quantenmechanik ein Teilchen (Antiteilchen) im Anfangszustand einem Antiteilchen (Teilchen) im Endzustand nach gewissen Regeln entspricht.

Tab. 9.1 Vektorboson-Fermionkopplung

	W^+	W^-	Z^0
Leptonen	$\nu_e e^+$ $\nu_\mu \mu^+$ $\nu_\tau \tau^+$	$\bar{\nu}_e e^-$ $\bar{\nu}_\mu \mu^-$ $\bar{\nu}_\tau \tau^-$	$\nu_e \bar{\nu}_e$ $\nu_\mu \bar{\nu}_\mu$ $\nu_\tau \bar{\nu}_\tau$ $e^+ e^-$ $\mu^+ \mu^-$ $\tau^+ \tau^-$
Quarks	$u\bar{d}'$ $c\bar{s}'$ $t\bar{b}'$ [1])	$\bar{u}d'$ $\bar{c}s'$ $\bar{t}b'$	$u\bar{u}$ $c\bar{c}$ $t\bar{t}$ [1]) $d'\bar{d}'$ $s'\bar{s}'$ $b'\bar{b}'$

[1]) hypothetisch

Nach Gl. (9.10) lassen sich solche Fermion-Antifermionpaare miteinander koppeln, die in Tab. 9.1 unter jeweils einem der Bosonen W^+, W^- oder Z^0 stehen. Für eine bestimmte Reaktion werden also 2 Paare von Fermionen gekoppelt. Das aus Gl. (9.10) hergeleitete Matrixelement in der quantenmechanischen Rechnung hat wegen des Spins 1 der W-Bosonen und wegen ihrer großen Masse formale Ähnlichkeit mit dem Produkt zweier Matrixelemente von Strömen in der QED. Daher kommt die Bezeichnung „Strom-Strom-Ansatz". Reaktionen mit Austausch eines W^+ oder W^- Bosons bezeichnet man als geladene Strom-Reaktionen, solche mit einem Z^0-Boson als neutrale Strom-Reaktionen.

Der entscheidende Beweis für die Richtigkeit dieser Vorstellungen ist natürlich der experimentelle Nachweis der Existenz der W- und Z-Bosonen. Dies ist in einem aufsehenerregenden Experiment am CERN gelungen. Die Massen von Z^0 und $W^\pm$ entsprechen den theoretisch erwarteten Werten (s. Tab. 5.5).

Es folgt nun eine Reihe von Beispielen.

9.2 Leptonische Reaktionen

Nach Gl. (9.10) können sämtliche Leptonkombinationen, die in Tab. 9.1 jeweils unter W^+, W^- oder Z^0 stehen, miteinander verknüpft werden, die wir im folgenden untersuchen.

(i) (Anti-)Neutrino-Elektronstreuung (s. Fig. 9.3)

$$\bar{\nu}_e e^- \to \bar{\nu}_e e^-.$$

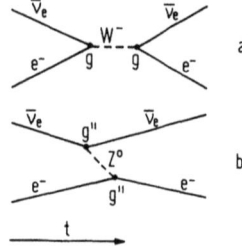

Fig. 9.3
(Anti)-Neutrino-Elektronstreuung. Es tragen sowohl W- als auch Z^0-Austausch bei mit zwei verschiedenen Kopplungskonstanten g und g". Dies führt einen weiteren Parameter in die Theorie ein: den Weinbergwinkel θ_W

Das $\bar{\nu}_e$ kommt aus einem Kernreaktor und macht eine elastische Streuung an einem Elektron. Dieses fundamentale, schwierige Experiment wurde durchgeführt und ist in Übereinstimmung mit den theoretischen Voraussagen. Zwei Diagramme a) und b) tragen zu dem Prozeß bei:

a) $(\bar{\nu}_e e^-) \to W^- \to (\bar{\nu}_e e^-)$

b) $(\bar{\nu}_e \nu_e) \to Z^0 \to (e^+ e^-)$

Reaktion b) ist nach den oben erwähnten Regeln dasselbe wie

$$\bar{\nu}_e e^- \to \bar{\nu}_e e^-$$

Für die Reaktion b) mit dem Z^0 wurde davon Gebrauch gemacht, daß man Teilchen (Antiteilchen) vom Anfangs- in den Endzustand versetzen kann, wobei gleichzeitig ein Wechsel Teilchen ↔ Antiteilchen zu machen ist.

Die Übergangswahrscheinlichkeit und damit der Wirkungsquerschnitt ist proportional zum Produkt der Kopplungskonstanten zum Quadrat. Berücksichtigt man für den Moment nur Diagramm a), so ist der Wirkungsquerschnitt mit einer Proportionalitätskonstanten K bzw. K':

$$\sigma \approx K \cdot \frac{g^4}{M_W^4} \approx K' G^2 \quad \text{(mit Gl. (9.5))}.$$

Die Fermikopplungskonstante G hat die Dimension (Energie)$^{-2}$, der Wirkungsquerschnitt σ hat die Dimension (Länge)^2 oder $((\hbar c)/\text{Energie})^2$ wegen $\Delta x \sim \hbar/\Delta p \sim (\hbar c/c \cdot \Delta p)$. Damit muß die Proportionalitätskonstante K' die Dimension $(\hbar c \cdot \text{Energie})^2$

haben. In einer Hochenergienäherung ($m_e c^2 \ll E^*$) ist für punktförmige Elektronen und Neutrinos die einzige Energie in dem Problem die Schwerpunktenergie E^*, also $K' \sim (\hbar c \cdot E^*)^2$ und

$$\sigma \sim G^2 E^{*2} \cdot (\hbar c)^2.$$

Die genaue Rechnung, welche beide Diagramme berücksichtigt, liefert

$$\sigma(\bar{\nu}_e e^- \to \bar{\nu}_e e^-) = \frac{G^2 E^{*2} \cdot (\hbar c)^2}{12\pi}(1 + 4X_W + 16X_W^2). \tag{9.11}$$

Dabei ist

$$X_W = \sin^2 \theta_W = 0{,}230 \pm 0{,}005 \qquad \theta_W = \text{Weinbergwinkel (s. Abschn. 11)}.$$

(ii) Muon-Zerfall (Fig. 9.1)

$$\mu^- \to e^- \bar{\nu}_e \nu_\mu$$

Der Muon-Zerfall ist sehr gut untersucht. Er liefert eine der besten Bestätigungen der Strom-Strom-Kopplung und eine sehr genaue Bestimmung der Kopplungskonstanten G.

(iii) τ-Zerfall Die Fig. 9.4 zeigt die Diagramme für die Zerfälle

a) $\tau^- \to \nu_\tau e^- \bar{\nu}_e$

b) $ \to \nu_\tau \mu^- \bar{\nu}_\mu$

c) $ \to \nu_\tau$ Hadronen.

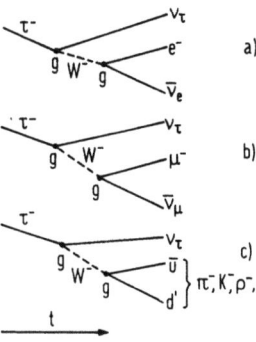

Fig. 9.4
Zerfall des τ-Leptons
a) $\tau^- \to \nu_\tau e^- \bar{\nu}_e$
b) $\tau^- \to \nu_\tau \mu^- \bar{\nu}_\mu$
c) $\tau^- \to \nu_\tau + \pi^-$ oder ρ^- oder K^- oder allg. (Hadronen)$^-$

Die Zerfälle a) b) treten mit gleicher Häufigkeit auf. Dies zeigt nochmals, daß die Kopplung für $(\bar{\nu}_\mu \mu^-)$ und $(\bar{\nu}_e e^-)$ gleich ist (Universalität). Der Zerfall in Hadronen c) geht zunächst über die Kopplung des W^- in ein Quark-Antiquarkpaar, welches sich vermöge der starken Wechselwirkung anschließend in Hadronen verwandelt c). Es ist keine rein leptonische Reaktion und gehört eigentlich in Abschn. 9.3. Wegen der drei Farbfreiheitsgrade der Quarks hat das Diagram c) das dreifache Gewicht von a) oder b). Dementsprechend erwartet man für das Verhältnis der Verzweigungsverhältnisse $\Gamma(e\nu_e\nu_\tau) : \Gamma(\mu\nu_\mu\nu_\tau) : \Gamma$ (Hadronen) = 1 : 1 : 3. Die gemessenen Werte sind in ungefährer Übereinstimmung hiermit. Die gemessene τ-Lebensdauer stimmt mit der berechneten überein — ein weiterer Hinweis auf die τ-μ-e Universalität.

9.3 Semileptonische Reaktionen

In semileptonischen Reaktionen wird ein Leptonpaar der Tab. 9.1 mit einem Quarkpaar verknüpft. Bei den geladenen Strömen ist dies die Kombination ($\bar{\nu}_e e^-, \bar{\nu}_\mu \mu^-, \bar{\nu}_\tau \tau^-$) mit ($\bar{u}d', \bar{c}s', \bar{t}b'$) für W^-. Die folgenden Reaktionen sind dann u. a. möglich:

(i) Verknüpfung ($\bar{u}d'$) mit ($\bar{\nu}_e e^-$); K e r n - β - W e c h s e l w i r k u n g. Davon gibt es drei Arten:

a) β^--Zerfall: n → pe$^-\bar{\nu}_e$
    oder im Quarkbild: d → ue$^-\bar{\nu}_e$.

Ein d-Quark im Neutron wandelt sich in ein u-Quark um, die beiden anderen Quarks (ud) nehmen an der schwachen Wechselwirkung nicht teil (wohl aber an der unvermeidlichen starken Wechselwirkung).

Das zugehörige Diagramm zeigt Fig. 9.5. Die Kopplungskonstante am (duW$^-$)-Vertex ist $g \cos \theta_c$ und nicht g, weil der d-Zustand im d' nur mit dem Gewicht $\cos \theta_c$ enthalten ist (s. Gl. (9.9)). Die mittlere Lebensdauer T_n des Neutrons berechnet sich analog zu den Ausführungen zu Gl. 9.6 zu

$$T_n \sim \frac{\hbar}{G^2 \langle E_e \rangle^5 \cos^2 \theta_c}$$

wobei $\langle E_e \rangle \sim$ mittlere kinetische Elektronenergie des Zerfalls ist. Mit $\langle E_e \rangle$ = 0,3 MeV erhält man $T_n \sim$ 2000 s, zu vergleichen mit dem tatsächlichen Wert T_n = 898 s. Dies ist keine schlechte Schätzung.

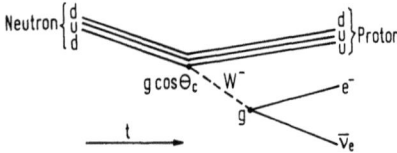

Fig. 9.5
Neutron-Zerfall (t = Zeit)

Eine wirkliche Berechnung der Neutron-Lebensdauer läßt sich nicht wie bei den rein leptonischen Reaktionen allein aus der schwachen Wechselwirkung durchführen, wegen der starken Wechselwirkung der im Nukleon als „Zuschauer" beteiligten ud-Quarks. Bemerkenswerterweise sind die Korrekturen aber klein, < 50%.

b) β^+-Zerfall: p → ne$^+\nu_e$
    oder im Quarkmodell: u → de$^+\nu_e$.

Der β^+-Zerfall kann natürlich nur an einem im Kern gebundenen Proton stattfinden (s. Fig. 9.6a). Beispiel: $C^{10} \to B^{10} e^+ \nu_e$

c)   K-Einfang: $e^- p \to n\nu_e$ s. Diagramm Fig. 9.6b.

Das Elektron (meist in der K-Schale eines Atoms) emittiert ein W^--Boson und verwandelt sich so in ein ν_e. Das W^- absorbiert das u-Quark des Anfangszustandes, wobei ein d-Quark entsteht. Beispiel: $Ar^{37} e^- \to Cl^{37} \nu_e$

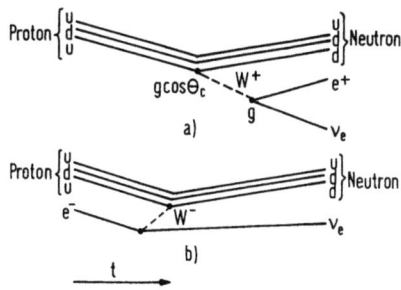

Fig. 9.6
a) β^+-Zerfall (Positron-Zerfall)
b) K-Einfang (t = Zeit)

(ii) Semileptonischer Zerfall des Tau

$$\tau^- \to \nu_\tau + (\bar{u}d') \to \nu_\tau + \text{Hadronen} \quad \text{s. Fig. 9.4c.}$$

(iii) Pion-Zerfall

$$\pi^- \to \mu^- \bar{\nu}_\mu$$
$$\to e^- \bar{\nu}_e$$

Der Mechanismus ist:

$$\pi^- \to \bar{u}d \to W^- \to \begin{cases} e^- \bar{\nu}_e \\ \mu^- \bar{\nu}_\mu. \end{cases}$$

Der Zerfall $\pi^- \to \mu^- \bar{\nu}_\mu$ ist viel häufiger als der Zerfall $\pi^- \to e^- \bar{\nu}_e$. Dies wird in Abschn. 9.5 erklärt.

(iv) Zerfall seltsamer Teilchen Die Kombination $\bar{u}d'$ hat im d'-Zustand einen Anteil des s-Quarks mit dem Gewicht $\sin\theta_c$, dies führt zur Umwandlung eines u-Quarks in ein s-Quark (s. Fig. 9.7) und zu einer Änderung der Seltsamkeit.

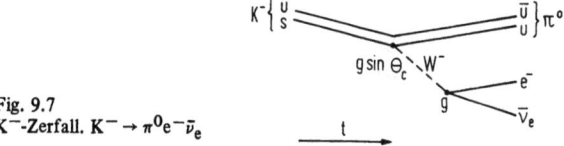

Fig. 9.7
K^--Zerfall. $K^- \to \pi^0 e^- \bar{\nu}_e$

Bezeichnen Q_A, Q_E die Gesamtladung der Hadronen im Anfangs- und Endzustand, und S_A, S_E ihre Seltsamkeitsquantenzahlen im Anfangs- und Endzustand, und ist

$$\Delta Q = Q_A - Q_E \qquad \Delta S = S_A - S_E,$$

so liest man aus Fig. 9.7 die folgende Regel ab

$$\Delta S = \Delta Q, \qquad |\Delta S| = 1$$

122 9 Die schwache Wechselwirkung

Diese Regel ist experimentell bestätigt. Sie erlaubt z. B. Zerfälle wie $\Sigma^- \to ne^-\bar{\nu}_e$ und verbietet $\Sigma^+ \to ne^+\nu_e$.

Durch Vergleich ähnlicher Zerfälle wie $\pi^- \to \pi^0 e^- \bar{\nu}_e$ und $K^- \to \pi^0 e^- \bar{\nu}_e$ kann man den Cabibbowinkel θ_c bestimmen. Es ist eine wichtige Kontrolle der Cabibbo-Theorie, daß die verschiedensten Zerfälle seltsamer Teilchen alle denselben Wert von θ_c geben.

(v) Zerfall von Charme-Teilchen Hier kommt die Kopplung $(c\bar{s}')$ zum Tragen (s. Fig. 9.8). Das s' besteht vorwiegend (Koeffizient $\cos\theta_c$) aus s, somit zerfallen die Charme-Teilchen vorwiegend in seltsame Teilchen, und aus Fig. 9.8 liest man ab:

$$\Delta S = \Delta Q = \Delta C, \quad |\Delta C| = 1$$

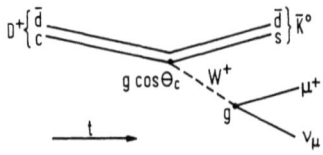

Fig. 9.8
Zerfall des D-Mesons $D^+ \to \bar{K}^0 \mu^+ \nu_\mu$

Hierbei ist $\Delta C = C_A - C_E$ die Änderung der Charme-Quantenzahl der Hadronen vom Anfangs- zum Endzustand. Diese Voraussage des GIM-Modells ist experimentell glänzend bestätigt worden.

(vi) Neutrinoreaktionen Diese werden in Abschn. 10 ausführlich behandelt.

9.4 Hadronische Reaktionen

Hier findet eine Kopplung zwischen zwei Quarkpaaren aus Tab. 9.1 statt. Für Reaktionen mit $\Delta S = 0$ und $\Delta C = 0$ überwiegt die starke Wechselwirkung der Quarks die schwache so sehr, daß der Einfluß der schwachen Wechselwirkung extrem klein und nur mit äußerster Mühe nachzuweisen ist.

Für Reaktionen mit $|\Delta S| = 1$ und/oder $|\Delta C| = 1$ gibt es keine starke oder elektromagnetische Wechselwirkung. Diese Reaktionen (meistens als Zerfälle beobachtet) gehen also nur vermöge der schwachen Wechselwirkung vor sich. Fig. 9.9 zeigt Beispiele.

Fig. 9.9a zeigt ein mögliches Diagramm für den Zerfall $K^- \to \pi^- \pi^0$. Im Quarkbild verwandelt sich das s-Quark in ein u-Quark, das ū-Quark wirkt dabei als „Zuschauer". Das W^- koppelt an das (sū) auf der einen Seite (Kopplungskonstante $g \sin\theta_c$) und an das ūd auf der anderen Seite (Kopplungskonstante $g \cos\theta_c$). Die Zerfallsrate ist also proportional zu $G^2 \sin^2\theta_c \cos^2\theta_c$. Die vier Quarks des Endzustandes können vermöge der starken Wechselwirkung in jeden nach den Erhaltungssätzen erlaubten Zustand von freien Hadronen übergehen – z. B. $\pi^-\pi^0$, aber auch $\pi^-\pi^-\pi^+$ wäre möglich. Der K^- hat eine Lebensdauer von $1,24 \cdot 10^{-8}$s, es zerfällt mit 21% bzw. 5,6% Wahrscheinlichkeit in $\pi^-\pi^0$ bzw. $\pi^-\pi^-\pi^+$.

Fig. 9.9b zeigt ein mögliches Diagramm für den Zerfall

$\Lambda \to n\pi^0$ oder $\Lambda \to p\pi^-$

und Fig. 9.9c

$$D^0 \to K^- \pi^+$$
$$\to \bar{K}^0 \pi^+ \pi^-, K^- \pi^+ \pi^0, \ldots$$

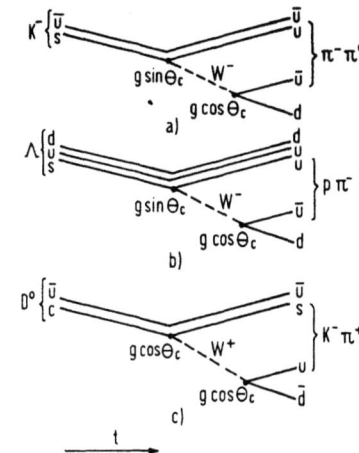

Fig. 9.9
Beispiele hadronischer Zerfälle
a) $K^- \to \pi^- \pi^0$
b) $\Lambda \to p\pi^-$
c) $D^0 \to K^- \pi^+$

9.5 Paritätsverletzung

Die experimentelle Anordnung Fig. 9.10a wird im Unterricht zur Demonstration der Kreiselgesetze verwendet: Ein an einer senkrechten Achse drehbar aufgehängter, um eine waagerechte Achse rotierender Reifen führt unter dem Einfluß der Schwerkraft eine Präzessionsbewegung um die Achse Ω in der angezeichneten Richtung aus. Eine Spiegelung[1]) von Fig. (9.10a) an der gezeichneten Ebene erzeugt die spiegelsymmetrische Anordnung Fig. 9.10b. Die Anordnungen a) und b) lassen sich nicht durch eine Drehung ineinander überführen.

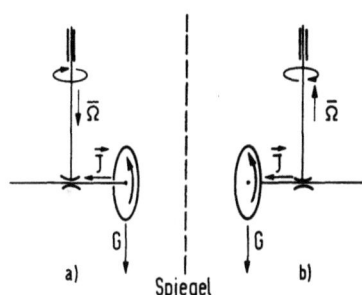

Fig. 9.10
Ein „klassisches" Experiment zur Demonstration der Paritätserhaltung
a) Die Scheibe rotiert um eine waagerechte Achse, sie hat den Drehimpuls $\vec{J}$, das ganze ist drehbar aufgehängt und dreht sich (Drehvektor $\vec{\Omega}$) infolge des Drehmoments, welches das Gewicht G ausübt
b) Gespiegelte Anordnung

---

[1]) Formale Definition einer Spiegelung: Die Koordindaten x, y, z eines Punktes gehen über in die Koordinaten x', y', z' des gespiegelten Punktes. Transformationsgleichung:

$$x = -x' \quad y = -y' \quad z = -z'$$

(Spiegelung am Nullpunkt). Die Spiegelung an einer Ebene (Beispiel: z = 0 Ebene)

$$x = x' \quad y = y' \quad z = -z'$$

ist äquivalent der Spiegelung am Nullpunkt plus einer Drehung.

Jemand filmt diese Demonstration. Kann man bei Betrachten des Films feststellen, ob er ein wahres oder ein gespiegeltes Objekt (in diesem Beispiel a) oder b) zeigt? Um das zu klären baut man die im Film gezeigte Demonstration nach und stellt fest, ob sich die wahre Natur so wie im Film gezeigt verhält.

Nun sind die Gesetze der Mechanik so beschaffen, daß sich das gespiegelte Bild immer genauso verhält wie ein richtiges, spiegelbildlich aufgebautes Experiment. Man kann also die Frage ob Spiegelbild oder Realität in der Mechanik nicht entscheiden.

Bis zu der bahnbrechenden Arbeit von Lee und Yang im Jahre 1956 [Le 56] dachte man nun, daß die Äquivalenz von Bild und Spiegelbild im obigen Sinne a priori „evident" ist und man die Gesetze der Mechanik nicht explizit bemühen muß. Lee und Yang versuchten in ihrer Arbeit eine Erklärung für das Auftreten zweier verschiedener Zerfallsschemata von K-Mesonen zu geben ($K^+ \to \pi^+\pi^0$, $K^+ \to \pi^+\pi^+\pi^-$). Aus Gründen, die hier nicht erklärt werden, kann nur eine der beiden Zerfallsreaktionen auftreten, aber nicht beide, falls die Gesetze der schwachen Wechselwirkung nicht zwischen Bild und Spiegelbild unterscheiden. Da man aber beide sieht, zogen Lee und Yang den kühnen Schluß, daß bei der schwachen Wechselwirkung eine Reaktion und ihr Spiegelbild nicht physikalisch äquivalent sind. In der quantenmechanischen Formulierung ist dies der Satz von der Nichterhaltung der Parität[1]) bei der schwachen Wechselwirkung. Er stellt eine der tiefsten und erstaunlichsten Erkenntnisse der modernen Physik dar. Die direkte Demonstration der Nichterhaltung der Parität bei der schwachen Wechselwirkung gelang kurz danach Wu, u. M. in einem berühmten Experiment Fig. (9.11 und 9.12) [Wu 57].

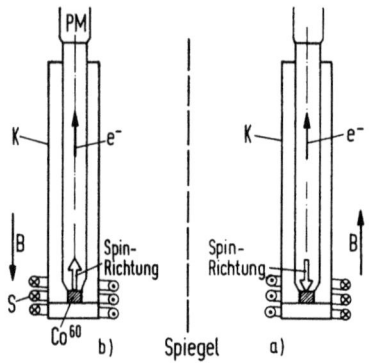

Fig. 9.11
Ein Experiment zur Demonstration der Paritätsnichterhaltung beim β-Zerfall [Wu 57]
a) der Spin (Pfeil) von Co^{60} Kernen ist in dem Magnetfeld B ausgerichtet. K = Kryostat. Die Elektronen (e$^-$) des β-Zerfalls werden in einem Szintillator mit Photomultiplier (PM) nachgewiesen. S = Spule, die Richtung des Stroms ist markiert.
b) Gespiegelte Anordnung. Man beachte die entgegengesetzte Orientierung von Co^{60}-Spin und Elektronenrichtung

---

[1]) Der Paritätsoperator P führt die folgende Koordinatentransformation durch: $P(\vec{r}) = -\vec{r}$ (Spiegelung). Angewandt auf die Wellenfunktion $\psi(x, y, z)$: $P\psi(x, y, z) = \psi(-x, -y, -z)$. Die Wellenfunktion kann eine Eigenfunktion des Paritätsoperators P sein: $P\psi(x, y, z) = p\psi(x, y, z)$, wobei p = eine Zahl. Wegen $P(P(\psi(x, y, z))) = \psi(x, y, z)$ ist $p = \pm 1$. Man nennt p die Parität der Wellenfunktion. Diese ist bei der starken und elektromagnetischen Wechselwirkung erhalten, nicht aber bei der schwachen.

9.5 Paritätsverletzung

Ein Kristall mit Co^{60} darin wird durch adiabatische Entmagnetisierung auf etwa 0,01 K abgekühlt. Bei dieser tiefen Temperatur kann man die magnetischen Momente und damit die Spins der Kerne alle in einer Richtung ausrichten (Fig. 9.11a, 9.12a). Der Co^{60}-Kern (Kernspin J = 5) macht einen β-Zerfall zu Ni^{60*} (J = 4)

$$Co^{60} \rightarrow Ni^{60*} \, e^- \, \bar{\nu}_e.$$

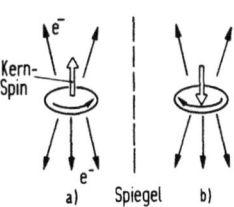

Fig. 9.12
a) Co^{60}-Zerfall: Die Zerfallselektronen gehen häufiger entgegengesetzt zur Co^{60}-Spinrichtung als parallel zur Spinrichtung
b) Gespiegelte Anordnung: dieser entspricht keine mögliche physikalische Situation

Die Elektronen des Beta-Zerfalls werden mit einem Szintillationszähler gemessen. Es zeigt sich, daß sie häufiger entgegengesetzt als parallel zur Spinrichtung der Kerne emittiert werden. Fig. 9.12b zeigt die gespiegelte Anordnung des Experiments. Im Gegensatz zum klassischen Fall entspricht die gespiegelte Anordnung keiner möglichen experimentellen Situation, einem Film könnte man es in der Tat ansehen, ob er das Experiment oder sein Spiegelbild beschreibt.

Diese Eigenschaft der Paritätsverletzung ist allen Reaktionen der schwachen Wechselwirkung gemeinsam.

Der Übergang $Co^{60} \rightarrow Ni^{60*}$ geht vom Drehimpuls J = 5 zu J = 4. Der Bahndrehimpuls von Elektron und Neutrino bei diesem erlaubten Übergang ist $\ell = 0$, folglich muß der Drehimpuls durch die Spins von e^- und $\bar{\nu}$ übernommen werden: Diese müssen parallel sein und in Richtung des Kernspins zeigen. Da das Elektron bevorzugt antiparallel zum Kernspin emittiert wird, zeigt sein Spin häufiger entgegengesetzt zu seiner Impulsrichtung als parallel: Man sagt, das Elektron hat im Mittel eine negative Helizität. Das Antineutrino hat nach demselben Argument positive Helizität: Spin und Impulsvektor sind stets parallel. Für das Neutrino gilt das umgekehrte: Spin und Impulsvektor sind stets antiparallel. Es hat stets negative Helizität. Diese wichtige Tatsache ist für das Neutrino in einem wichtigen Versuch direkt gezeigt worden [Go 58].

Die Tatsache, daß beim Neutrino (Antineutrino) stets die Spinrichtung antiparallel (parallel) zu seinem Impulsvektor steht, verletzt evident die Spiegelsymmetrie, da ein gespiegeltes Neutrino (Antineutrino) die entgegengesetzten Helizitäten hätte. Falls Spiegelsymmetrie gälte, kämen Neutrinos beider Helizitäten vor. Man findet jedoch nur Neutrinos mit negativer Helizität.

Anwendung auf den π-μ-Zerfall: Fig. 9.13a zeigt den Zerfall eines π^+-Mesons. Es hat Spin 0. Beim Zerfall

$$\pi^+ \rightarrow \mu^+ \nu_\mu$$

müssen also die Spins von μ^+ und ν_μ entgegengesetzt gerichtet sein, da der Bahndrehimpuls von μ^+ und ν_μ gleich null ist. Da das ν_μ negative Helizität hat, hat das μ^+ ebenfalls eine solche. Der Spin des μ^+ steht also entgegengesetzt zu seiner Flugrichtung: es ist longitudinal polarisiert. Bremst man das Muon ab, so bleibt die Spinrichtung erhalten und man hat polarisierte Muonen. Beim Zerfall des Muons

$$\mu^+ \to e^+ \nu_e \bar{\nu}_\mu$$

unter Verletzung der Parität kommt das e^+ bevorzugt in Richtung des μ^+-Spins heraus. Dieser Effekt, der kurz nach dem Co^{60}-Experiment gesehen wurde, bewies ebenfalls die Nichterhaltung der Parität bei der schwachen Wechselwirkung.

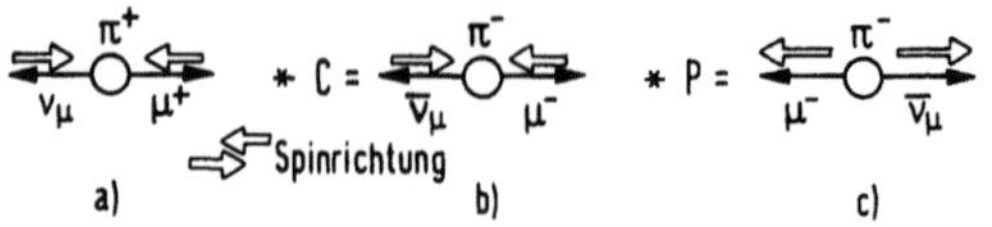

Fig. 9.13 a) Pion-Zerfall, offene Pfeile = Spinrichtung der Teilchen
b) Ladungskonjugation: alle Teilchen werden in ihre Antiteilchen verwandelt. Das $\bar{\nu}_\mu$ hat nun die falsche Helizität
c) Spiegelung (Paritätsoperation): Dies ist wieder ein möglicher physikalischer Zustand. Das $\bar{\nu}_\mu$ hat die richtige Helizität

Die andere Alternative des Pionzerfalls

$$\pi^+ \to e^+ \nu_e$$

wird natürlich ebenso beschrieben. Man folgert wie vorhin, daß das e^+ negative Helizität hat. Im Gegensatz zum μ^+ hat das e^+ aber eine Energie $E \gg m_e c^2$ ($m_e c^2$ = Ruheenergie), so daß seine Masse bei diesem Zerfall vernachlässigt werden kann. Die Form der schwachen Wechselwirkung mit Paritätsverletzung, welche für das Antineutrino positive Helizität vorschreibt, tut dasselbe für das Antilepton e^+, falls seine Geschwindigkeit $v_{e^+} \to c$ geht. Dem widerspricht, daß die Drehimpulserhaltung negative Helizität vorschreibt. Dieser Zerfall ist deshalb sehr stark unterdrückt, man findet ein Verzweigungsverhältnis von $1{,}23 \cdot 10^{-4}$ verglichen mit dem Zerfall $\pi^+ \to \mu^+ \nu_\mu$, in Übereinstimmung mit der theoretischen Erwartung.

Verletzung der Invarianz unter Ladungskonjugation Man vertauscht in Fig. 9.13a alle Teilchen mit ihren Antiteilchen und erhält so die Fig. 9.13b. Nach dem Satz von der Invarianz unter Ladungskonjugation ändern sich die Eigenschaften eines Systems nicht, wenn man sämtliche Teilchen mit ihren Antiteilchen vertauscht. Insbesondere muß jede experimentelle Situation bei einer Substitution Teilchen ↔ Antiteilchen wieder eine mögliche experimentelle Situation sein. Die in der ladungsgespiegelten Fig. 9.13b gezeigte Situation ist aber nicht physikalisch möglich, da z. B. das dort gezeigte $\bar{\nu}_\mu$-Neutrino vom π^--Zerfall negative Helizität hat, was nicht sein kann, da Antineutrinos stets positive Helizität haben. Hieraus sieht man, daß auch die Invarianz unter Ladungskonjugation bei der schwachen Wechselwirkung verletzt ist. Man bezeichnet die Operation der Ladungskonjugation mit C, die Partitätsoperation mit P. Führt man die Operationen P · C hintereinander aus (Fig. 9.13c), so sieht man, daß sich hierbei ein möglicher physikalischer Zustand ergibt. Die schwache Wechselwirkung ist also invariant unter der Operation P · C. Dies gilt bis auf eine Ausnahme: das K^0-System (s. Abschn. 9.6).

9.6 Das K^0-System

Nach den Ausführungen in Abschn. 6.1, wo zunächst vom Zerfall der Teilchen abgesehen wurde, gibt es zwei verschiedene Arten neutraler K-Mesonen, mit verschiedener Seltsamkeit und unterschieden durch ihren Erzeugungsmechanismus:

$$K^0 \text{ mit } S = +1 \text{ und } \bar{K}^0 \text{ mit } S = -1.$$

Beispiele für Erzeugungsmechanismen, die die Art des neutralen Kaons zu unterscheiden gestatten[1]):

$$\pi^+ p \to \Sigma^+ \pi^+ K^0 \qquad \pi^+ p \to p K^+ \bar{K}^0.$$

Sowohl K^0 als auch $\bar{K}^0$ können über die schwache Wechselwirkung in den Zustand $\pi^+\pi^-$ übergehen. Es gibt also den sehr schwachen virtuellen Übergang

$$K^0 \to \pi^+\pi^- \to \bar{K}^0.$$

Bei der Erzeugung entsteht zunächst ein K^0 bzw. ein $\bar{K}^0$ mit der Seltsamkeit $\underline{S}$ = +1 bzw. $\underline{S}$ = −1. Wegen des virtuellen Übergangs $K^0 \leftrightarrow \bar{K}^0$ ist es aber so, daß es nicht dieselben Zustände K^0 und $\bar{K}^0$ sind, die zerfallen. Dies ist ohne quantenmechanische Kenntnisse nicht zu beschreiben oder zu verstehen, so daß hier nur die Tatsachen berichtet werden können.

Der Zerfall des neutralen Kaons erfolgt aus einem von zwei Zuständen, welche K_S^0 und K_L^0 heißen, und deren Wellenfunktionen als Linearkombination der Wellenfunktionen von K^0 und $\bar{K}^0$ aufgefaßt werden können. Tab. 9.2 zeigt die Eigenschaften von K_S^0 und K_L^0.

Sie sind die frei beobachtbaren Teilchen und zerfallen nach einem exponentiellen Zerfallsgesetz. Ihre Seltsamkeit S ist unbestimmt. Das K^0 bzw. $\bar{K}^0$ hat je etwa 50% Wahrscheinlichkeit, sich als K_S^0 oder als K_L^0 zu manifestieren. Eine genaue Untersuchung des K_L^0-Zerfalls zeigt, daß hierbei P · C nicht erhalten ist. Das K^0-System erhält also diesen wichtigen Erhaltungssatz nicht. Dies ist ein sehr erstaunliches Resultat mit möglicherweise weitreichenden Konsequenzen. Es ist unverstanden und muß wegen seiner fundamentalen Natur als eines der großen ungelösten Probleme gelten.

Tab. 9.2 Eigenschaften der K_S^0 und K_L^0-Mesonen

Teilchen	mittl. Lebensdauer in s	Masse in MeV	Zerfälle
K_S^0	$0{,}892 \cdot 10^{-10}$	497,7[1])	$\pi^+\pi^-, \pi^0\pi^0, \pi^+ e^- \bar{\nu}_e, \pi^- e^+ \nu_e, \ldots$
K_L^0	$0{,}518 \cdot 10^{-7}$	497,7	$\pi^+\pi^-\pi^0, \pi^0\pi^0\pi^0, e^+\pi^-\nu_e, \pi^+\pi^-, \ldots$[2])

[1]) $m(K_L^0) - m(K_S^0) = 3{,}5 \cdot 10^{-6}$ eV/c^2
[2]) Anteil $\pi^+\pi^-$ von 0,2%

---

[1]) S. Fig. 6.1 als ein Beispiel, wo ein neutrales Kaon durch die Erhaltung der Seltsamkeit beim Produktionsmechanismus als $\bar{K}^0$ identifiziert wird.

10 Quarkmodell des Nukleons

10.1 Die Kinematik der Elementarreaktionen

In Abschn. (5.4) wurde dargelegt, daß das Nukleon 3 Quarks enthält. In diesem Abschnitt wird die zugehörige experimentelle Evidenz präsentiert, und es wird sich zeigen, daß das Quarkmodell des Nukleons – in einer etwas verfeinerten Form – glänzend bestätigt wird.

Um eine Substruktur des Nukleons zu erkennen, beschießt man es mit Teilchen, deren Struktur und Wechselwirkung bekannt ist, so daß sich aus ihrer Streuung Schlüsse über die unbekannte Struktur der Nukleonen ziehen lassen. Als solche Teilchen eignen sich Elektronen, Muonen und Neutrinos. Um ein räumliches Auflösungsvermögen zu erreichen, welches wesentlich besser als der Radius des Nukleons ist ($r_N \sim 10^{-13}$ cm), benötigt man nach der Heisenbergschen Unschärferelation Impulsüberträge an das Nukleon $\Delta p \gg \hbar/r_N \approx 0{,}2$ GeV. Infolgedessen benötigt man Leptonstrahlen hoher Energie. Es zeigt sich in der Praxis, daß die Strahlenergie $\gtrsim 20$ GeV sein muß, damit man genügend klare Verhältnisse hat. Fig. 10.1 und Fig. 10.2 zeigen die Definition der kinematischen Variablen eines solchen Versuchs.

Ein Strahl von Elektronen, Muonen oder Neutrinos mit Energie E und Impuls $\vec{P}$ trifft ein Nukleon N. Das Nukleon kann entweder ein Proton in einem Wasserstofftarget sein oder ein Nukleon in einem Kern. Im letzteren Falle gibt es kleine, aber berechenbare Korrekturen auf die Fermibewegung und die Bindung des Nukleons im Kern. Das einlaufende Lepton ($e^\pm, \mu^\pm, \nu, \bar{\nu}$) überträgt Energie und Impuls auf das Nukleon, wodurch Hadronen erzeugt werden. Das auslaufende Elektron bzw. Muon hat Energie E' und Impuls $\vec{P}'$ (alles im Laborsystem gemessen).

Die Reaktionen sind (N = Nukleon)[1])

$e^\pm + N \to e^\pm +$ Hadronen

$\mu^\pm + N \to \mu^\pm +$ Hadronen

$\nu_\mu + N \to \mu^- +$ Hadronen, $\to \nu_\mu +$ Hadronen

$\bar{\nu}_\mu + N \to \mu^+ +$ Hadronen, $\to \bar{\nu}_\mu +$ Hadronen

Die experimentelle Situation ist für die Zwecke dieses Abschnitts vollständig beschrieben, wenn der Impuls des Leptons vor und nach dem Stoß ($\vec{P}$ und $\vec{P}'$) bekannt ist.

---

[1]) Die einfachsten Reaktionen sind die elastischen:

$e^\pm N \to e^\pm N, \mu^\pm N \to \mu^\pm N$ und analog für Neutrinos $\nu_\mu n \to \mu^- p, \bar{\nu}_\mu p \to \mu^+ n$.

Diese Reaktionen spielen bei den hier betrachteten großen Impulsüberträgen keine Rolle, verglichen mit den unelastischen Reaktionen, da es bei Stößen mit großem Impulsübertrag sehr unwahrscheinlich wird, daß die Quarks im Nukleon im Grundzustand ($\equiv$ Nukleon) zusammen bleiben. Die Neutrinos kommen aus dem Pion-Zerfall und sind deshalb Muon-Neutrinos $\nu_\mu \bar{\nu}_\mu$.

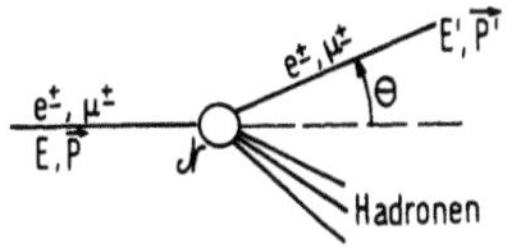

10.1 Die Kinematik der Elementarreaktionen

Fig. 10.1
Kinematische Variable bei der unelastischen Elektron- oder Muonstreuung an einem Nukleon N (siehe Text)

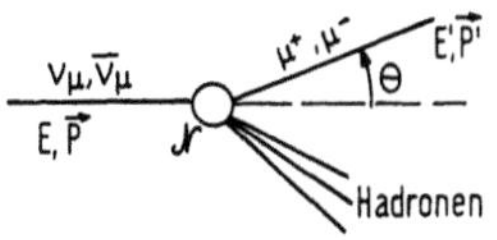

Fig. 10.2
Kinematische Variable bei der unelastischen (Anti-) Neutrinostreuung an einem Nukleon N (siehe Text)

Um ein solches Experiment durchführen zu können, muß man einen Elektron-, Muon- oder Neutrinostrahl bauen. Fig. 10.3 und 8.1a zeigen als Beispiel schematisch den Aufbau des Muonstrahls am CERN und das Prinzip eines Neutrinostrahls. Damit ist der einlaufende Impuls $\vec{P}$ bekannt. Bei Neutrinostrahlen ist i. allg. zwar die Richtung, nicht aber der Betrag von $\vec{P}$ bekannt, der letztere muß dann durch Messung der Gesamtenergie der Neutrinoreaktion erschlossen werden. Der Impuls $\vec{P}'$ im Endzustand wird durch Messung des gestreuten Elektrons bzw. Muons bestimmt. Dazu mißt man den Streuwinkel θ und den Betrag des Impulses $|\vec{P}'|$ durch Ablenkung im Magnetfeld. Fig. 10.4 zeigt das Beispiel eines solchen Experiments, Fig. 10.5 zeigt eine Neutrinoreaktion in einer Blasenkammer mit Erzeugung zahlreicher Hadronen.

Für die Beschreibung der Reaktion benutzt man i. allg. nicht die Variablen E, E', $\vec{P}$, $\vec{P}'$, sondern relativistische Invarianten[1]), z. B. Q^2 und ν (s. w. u.), so daß man vom Bezugssystem unabhängig wird. Da man bei diesen Hochenergieexperimenten die Masse von Elektron und Muon (bis auf Sonderfälle) vernachlässigen kann, gelten dieselben kinematischen Beziehungen für Elektron-, Muon- und Neutrinoreaktionen.

Man geht aus von den Vierervektoren des einlaufenden ($\underline{p}$) und auslaufenden ($\underline{p}'$) Leptons. Diese sind experimentell bekannt. Es ist:

$$\underline{p} = (E, \vec{P}), \quad \underline{p}' = (E', \vec{P}').$$

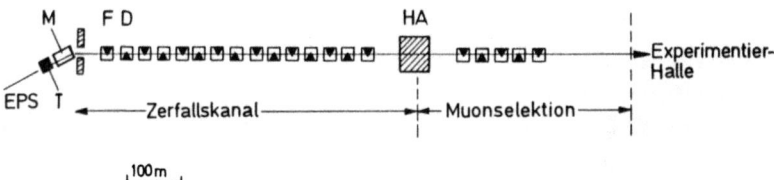

Fig. 10.3 Der etwa 1 km lange Muonstrahl am CERN. Der ejizierte Protonstrahl (EPS) des CERN Superprotonsynchrotrons mit einer Energie von 400 GeV trifft das Target T. Die dort produzierten Pionen werden durch den Magneten M und eine Blende im Impuls selektiert. Es folgt ein Zerfallskanal, bestehend aus fokusierenden (F) und defokusierenden Quadrupolmagneten, wo die meisten Pionen in Muonen zerfallen. Die restlichen Pionen werden im Absorber HA entfernt. Danach schließt sich der reine Muonstrahl an, bestehend aus Ablenk- und Quadrupolmagneten

---

[1]) Eine relativistische Invariante hat in jedem Koordinatensystem denselben Wert.

130 10 Quarkmodell des Nukleons

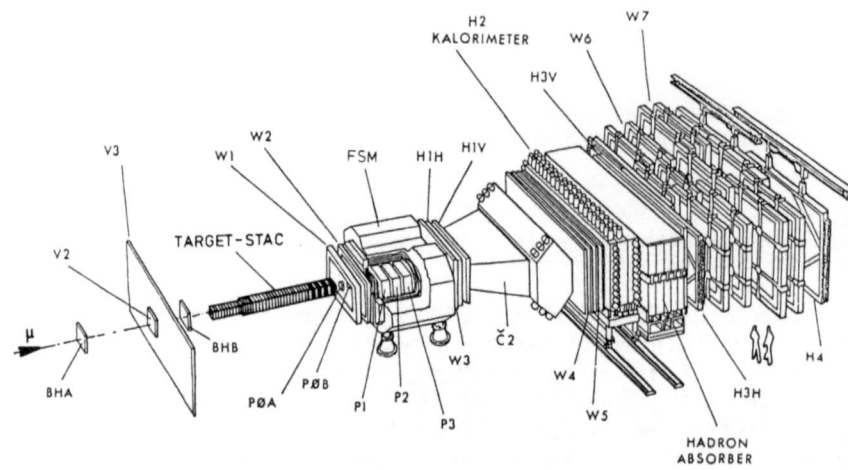

Fig. 10.4 Das Muon-Streuexperiment der Europäischen Muonkollaboration am CERN. Der Muonstrahl (s. Fig. 10.3) kommt von links, wird durch die Zähler BHA, BHB definiert. V2, V3 = Vetozähler gegen parallel fliegenden Strahluntergrund. Die Muonen treffen ein Target, wo sie (meist unelastisch) streuen. Das Target ist wahlweise Eisen oder flüssiger Wasserstoff. Es folgt ein großer Ablenkmagnet FSM, in dem die Muonen und die erzeugten Hadronen abgelenkt werden. Die Ablenkung wird in mehreren Lagen von Drift- und Proportionaldrahtkammern (W1, 2, 3 und P1, 2, 3) gemessen. Ein Gascerenkovzähler C2 identifiziert die Hadronen. Danach kommt ein Kalorimeter, um die gesamte in den Hadronen steckende Energie zu messen. Dann kommt eine Eisenabschirmung, welche die Hadronen absorbiert. Die Muonen werden durch ihre Fähigkeit identifiziert, den Eisenabsorber zu durchdringen. Sie werden in den Driftkammern W6, 7 gemessen (s. [All 81])

Der Vierervektor des Target-Nukleons ist (unter Vernachlässigung der Fermibewegung)[1])

$\underline{p}_N = (M_p, \vec{0}) \qquad M_p =$ Protonmasse.

Man definiert das Quadrat des Viererimpulsübertrags auf das Nukleon

$$\begin{aligned}\underline{q}^2 &= (\underline{p} - \underline{p}')^2 = (E - E')^2 - (\vec{P} - \vec{P}')^2 \\ &= E^2 - \vec{P}^2 + E'^2 - \vec{P}'^2 - 2EE' + 2\vec{P}\cdot\vec{P}' \\ &= m^2 + m'^2 - 2EE'(1 - \beta\beta'\cos\theta). \end{aligned} \qquad (10.1)$$

Dabei ist m, m' die Masse des Leptons im Anfangs- bzw. Endzustand und θ der (Labor-)Streuwinkel. Vernachlässigt man die Leptonmassen und beachtet, daß die Geschwindigkeit $\beta \cong 1, \beta' \cong 1$, so folgt im Laborsystem:

$$\begin{aligned}\underline{q}^2 &\cong -2EE'(1-\cos\theta) \\ &\cong -4EE'\sin^2\theta/2 \end{aligned} \qquad (10.2)$$

Um das Minus-Zeichen los zu sein, setzt man oft $Q^2 = -\underline{q}^2$.

---

[1]) Faktoren von c sind weggelassen sowie ein Faktor $(\hbar \cdot c)^2$ im Wirkungsquerschnitt.

10.2 Tief unelastische Elektron- und Muonstreuung

Als zweite Variable wählt man

$$\nu = \underline{p}_N \cdot (\underline{p} - \underline{p}') = M_p \cdot (E - E') \tag{10.3}$$

ν/M_p hat ebenfalls eine anschauliche Bedeutung: Es ist die an das Nukleon (im Laborsystem) übertragene Energie. Q^2 und ν sind durch die Messung bekannt und bestimmen die Kinematik vollständig.

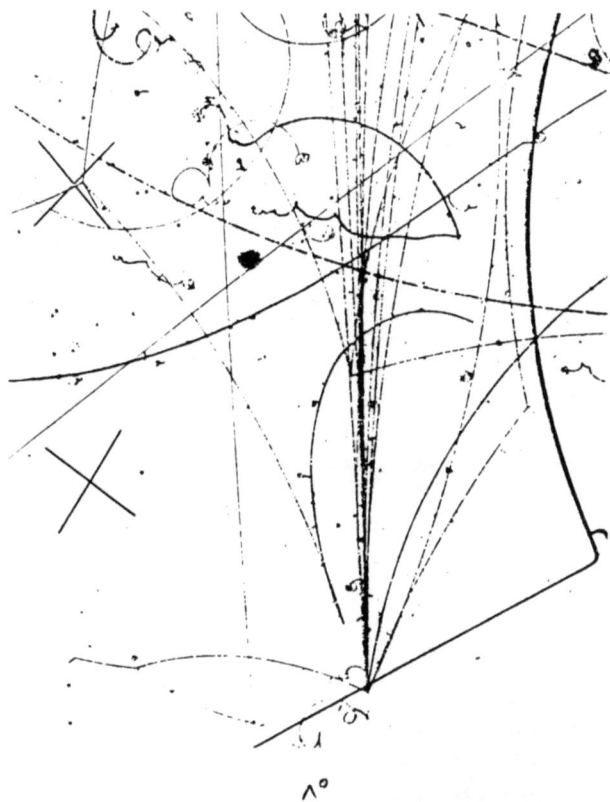

Fig. 10.5 Neutrinoreaktion in der großen Europäischen Blasenkammer BEBC am CERN (s. auch Fig. 3.6) Das Neutrino (unsichtbar) kommt im Bild von unten und macht eine Reaktion am unteren Bildrand mit einem Atomkern der Kammerfüllung (Neon), wobei neben neutralen zwölf geladene Teilchen (meist Pionen und Protonen) emittiert werden.

10.2 Tief unelastische Elektron- und Muonstreuung

Es folgt nun die eigentliche Physik, die Beschreibung der Dynamik. Dies erfolgt im Rahmen des Quarkmodells des Nukleons. Fig. 10.6 zeigt, wie die Elementarreaktion abläuft. Diese besteht in einer elastischen Streuung eines Leptons an einem der Quarks im Nukleon. Im Falle der Elektron- oder Muonstreuung wird ein Photon ausgetauscht, die Reaktion ist

$$e^{\pm} + q \rightarrow e^{\pm} + q$$
$$\mu^{\pm} + q \rightarrow \mu^{\pm} + q, \text{ wobei } q = \text{u- oder d-Quark.} \quad (10.4)$$

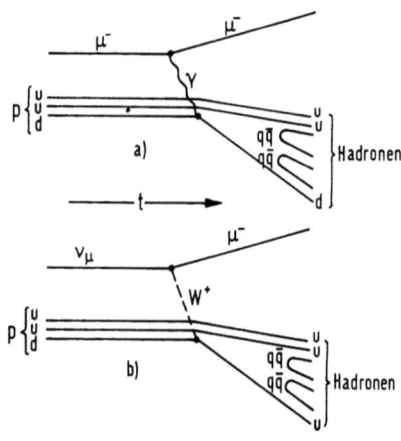

Fig. 10.6
Tief unelastische a) Muon-,
b) Neutrinostreuung am Proton (siehe Text)

Im Falle der Neutrinostreuung wird ein $W^{\pm}$-Boson ausgetauscht[1]), die Reaktion ist

$$\nu_{\mu} + d \rightarrow \mu^{-} + u$$
$$\bar{\nu}_{\mu} + u \rightarrow \mu^{+} + d. \quad (10.5)$$

Bei diesen Elementarreaktionen wird nur ein Quark im Nukleon getroffen. Die Bedingung dafür, daß diese Reaktion nach den Gesetzen des elastischen Stoßes erfolgt, ist die, daß die Kräfte zwischen den Quarks vernachlässigbar sind, so daß die beiden anderen Quarks am Stoß (zunächst) nur als „Zuschauer" teilnehmen. Die Bedingung dafür ist, daß der Impulsübertrag Q^2 genügend groß ist, so daß wegen Gl. (7.1) die Kopplung der starken Wechselwirkung hinreichend klein wird. Dieses Gebiet der „asymptotischen Freiheit" wird erreicht, wenn

$$Q^2 \gg \Lambda^2$$

ist. In der Praxis benötigt man

$$Q^2 > 5 \div 10 \text{ GeV}^2,$$

und man spricht in diesem Fall von tief unelastischer Streuung (abgekürzt DIS = deep inelastic scattering).

---

[1]) Die Reaktionen $\nu_{\mu} + q \rightarrow \nu_{\mu} + q$ und $\bar{\nu}_{\mu} + q \rightarrow \bar{\nu}_{\mu} + q$ erfolgen durch Austausch eines Z^0-Bosons (neutrale-Strom Reaktion). Die Reaktion verläuft ähnlich wie die von Gl. (10.5). Sie wird hier nicht näher beschrieben.

10.2 Tief unelastische Elektron- und Muonstreuung

An den elastischen Elementarprozeß schließt sich eine zweite Stufe an, wenn sich das getroffene Quark und die zwei Zuschauerquarks weit genug voneinander entfernt haben. Dann wird die Kopplung stark, es kommt zur Fragmentation in Hadronen, wobei das getroffene und die Zuschauerquarks sich in je einen Jet von Hadronen verwandeln (s. Abschn. 7.2). Da dies stets eintritt, ist der Reaktions-Wirkungsquerschnitt durch den Wirkungsquerschnitt der Elementarreaktionen Gl. (10.4) und (10.5) bestimmt.

Im Falle der Reaktion Gl. (10.4) ist dies einfach die elastische Coulombstreuung an der Punktladung des Quarks. Man betrachtet die Reaktion im gemeinsamen Schwerpunktsystem des Elektrons und des Nukleons. In diesem System ruht das Nukleon nicht, sondern es hat einen Impuls $\vec{p}_N^*$.

Die Quarks im Nukleon haben einen Bruchteil x dieses Impulses:

$$\vec{p}_q^* = x \cdot \vec{p}_N^*. \tag{10.6}$$

Da $p_N^* \gg M_p$ ist (tief unelastische Streuung), kann man die Querimpulse der Quarks in der hier behandelten Näherung vernachlässigen.

Die kinematische Bedingung für eine elastische Streureaktion lautet [Lo 86]:

$$q^2 + 2x\nu = 0. \tag{10.7}$$

Aus Gl. (10.7) folgt:

$$x = -\frac{q^2}{2\nu} = \frac{Q^2}{2\nu}. \tag{10.8}$$

Diese wichtige Relation verknüpft die kinematischen Variablen Q^2 und ν mit dem Impulsbruchteil x des Quarks. Die Bedeutung der Variablen x wurde sehr früh von Bjorken und Feynman erkannt, die als erste das hier skizzierte Modell der tief unelastischen Streuung entwarfen. Man nennt die Variable x die Bjorkensche Skalenvariable.

Der Wirkungsquerschnitt für die elastische Streuung eines Elektrons (Muons) an einem Quark der Ladung Q_q im Laborsystem ist:

$$\frac{d\sigma_q}{d\Omega_L} = \frac{\alpha^2 Q_q^2}{4E^2 \sin^4 \theta/2} \cdot \frac{\cos^2 \theta/2}{1 + \frac{2E}{m_q} \sin^2 \theta/2} \cdot \left(1 + \frac{Q^2}{2m_q^2} \tan^2 \theta/2 \right). \tag{10.9}$$

Man erkennt im ersten Bruch die Rutherford'sche Streuformel, die Zusatzausdrücke kommen vom Spin 1/2 des Elektrons (Muons) und Quarks. Gl. (10.9) folgt aus den Gesetzen der Quantenelektrodynamik. Es geht entscheidend ein, daß das Quark ein Punktteilchen mit Spin 1/2 und Ladung Q_q ist.

Der Rest ist nur noch kinematische Umformung. Unter Vernachlässigung eines Gliedes mit M_p/E erhält man:

$$\frac{d\sigma_q}{dQ^2} = \frac{4\pi\alpha^2 Q_q^2}{Q^4}\left(1 - y + \frac{y^2}{2}\right) \tag{10.10}$$

mit der Abkürzung

$$y = \frac{E-E'}{E} = \frac{\nu}{EM_p}. \tag{10.11}$$

Anschaulich bedeutet y den Bruchteil der im Laborsystem ans Nukleon übertragenen Energie.
Um von der elastischen Streuung an einem Quark zu der beobachtbaren Reaktion am Nukleon zu kommen, muß man über die Quarks und ihre Impulsverteilung im Nukleon summieren. Bezeichnet $f_i(x)dx$ die Wahrscheinlichkeit, daß Quark Nr. i im Nukleon einem Impulsbruchteil zwischen x und x + dx hat, so gilt für die Reaktion am Nukleon

$$\frac{d\sigma_N}{dQ^2} = \frac{4\pi\alpha^2}{Q^4} \cdot \left(1 - y + \frac{y^2}{2}\right) \int \sum_i f_i(x) Q_{qi}^2 dx \tag{10.12}$$

Es wird über die Quarks im Nukleon summiert, Q_{qi} = Ladung des i-ten Quarks.
Man nimmt vereinfachend an, daß die Impulsverteilung f(x) für alle Quarks dieselbe ist[1]) und erhält wegen $dQ^2 dx = 2M_p \cdot E \cdot x \cdot dxdy$

$$\frac{d^2\sigma_N}{dxdy} = \frac{8\pi\alpha^2 EM_p}{Q^4} \cdot \left(1 - y + \frac{y^2}{2}\right) \cdot xf(x) \sum_i Q_{qi}^2. \tag{10.13}$$

Diese wichtige Endgleichung gilt im Grenzfall hoher Energie

$$E \gg M_p.$$

Ohne das Quarkmodell des Nukleons hat man den folgenden allgemeinsten Ausdruck für die unelastische Elektron(Muon-)-Nukleonstreuung:

$$\frac{d^2\sigma_N}{dxdy} = \frac{8\pi\alpha^2 \cdot EM_p}{Q^4} \cdot ((1-y)F_2(x,Q^2) + xy^2 \cdot F_1(x,Q^2)). \tag{10.14}$$

Dabei sind $F_1(x,Q^2)$ und $F_2(x,Q^2)$ die Strukturfunktionen des Nukleons. Sie müssen und können experimentell aus Gl. (10.14) bestimmt werden, da x, y, Q^2 durch die Kinematik festliegen und aus dem gemessenen differentiellen Wirkungsquerschnitt $F_1(x,Q^2)$ und $F_2(x,Q^2)$ ermittelt werden können.
Gl. (10.14) und Gl. (10.13) sind identisch, falls die folgenden zwei Bedingungen erfüllt sind:
(i) $F_2(x,Q^2)$ und $F_1(x,Q^2)$ sind Funktionen von x allein, sie hängen nicht von Q^2 ab. Man findet dies experimentell bestätigt (Bjorken-Skalenverhalten) — bis auf (im Rahmen der QCD berechenbare) Korrekturen auf die Quark-Quark-Kräfte — s. Fig. 10.7. Damit ist experimentell gezeigt, daß das Proton punktförmige Subsysteme enthält, welche auch Partonen genannt werden und mit den Quarks identisch sind.

---

[1]) Das stimmt nicht genau, ist aber für diese Entwicklung unkritisch.

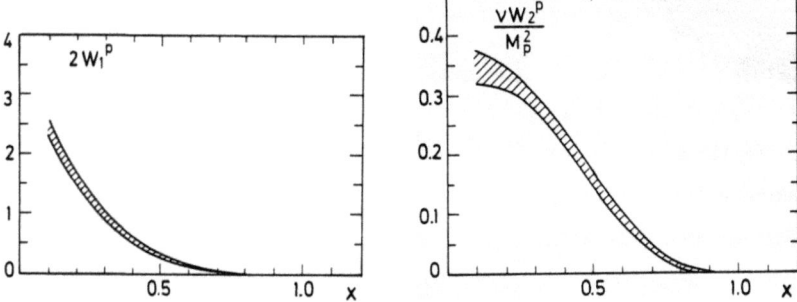

Fig. 10.7 Die Strukturfunktionen des Protons $W_1^p = F_1$, $\nu W_2^p/M_p^2 = F_2$. Sie sind aufgetragen gegen die Skalenvariable x. Alle Messungen mit $|q^2| > 2$ GeV^2 liegen innerhalb des schraffierten Bereichs (nach Messungen von [Bo 79])

(ii) Zwischen den Strukturfunktionen besteht die Callan-Gross Beziehung

$$F_2(x) = 2 \cdot x \cdot F_1(x). \tag{10.15}$$

Diese ist experimentell ebenfalls bestätigt. Bedingung (i) bedeutet quasi elastische Streuung an punktförmigen Streuzentren, Bedingung (ii) bedeutet, daß diese Streuzentren Spin 1/2 haben. Dies ist neben Fig. 7.4 die zweite unabhängige Bestätigung des Spins 1/2 der Quarks.

Gl. (10.15) in Gl. (10.14) eingesetzt und mit Gl. (10.13) verglichen ergibt:

$$F_2(x) = xf(x) \sum_i Q_{qi}^2. \tag{10.16}$$

Die experimentell bestimmte Strukturfunktion $F_2(x)$ enthält also über Gl. (10.16) die Information über die Impulsverteilung der Quarks im Nukleon. Fig. 10.7 zeigt eine Zusammenfassung von Messungen, die am SLAC (Stanford Linear Accelerator Center) mit Elektronenstreuung durchgeführt wurden.

10.3 Tief unelastische Neutrinostreuung

Die Herleitung der Formeln für die tief unelastische Neutrinoreaktion am Nukleon geschieht mit denselben Überlegungen. Gl. (10.10) muß durch den Wirkungsquerschnitt für die Neutrinoreaktion an einem Quark Gl. (10.5) ersetzt werden. Dieser Wirkungsquerschnitt ist aus dem Strom-Stromansatz für die schwache Wechselwirkung (Abschn. 9.1) exakt berechenbar. Als Stärke der Kopplung der Quarks an das $W^\pm$-Boson geht statt der elektrischen Ladung eQ_q die schwache W-Quarkpaar Kopplungskonstante g ein, statt des Photonpropagators $1/Q^4$ steht nun $1/M_W^4$, so daß statt $\alpha^2 Q_q^2/Q^4$ der Ausdruck g^4/M_W^4 steht, und mit der Ersetzung nach Gl. (9.5) erhält man (bis auf einen numerischen Faktor, der hier nicht abgeleitet wird) einen zu Gl. (10.13) analogen Ausdruck. Unter Berücksichtigung des Cabibbo-Winkels (s. Abschn. 9.1) erhält man hiermit für die Neutrino-Protonstreuung $\nu_\mu p \rightarrow \mu^- +$ Hadronen:

$$\frac{d^2\sigma(\nu p)}{dx \cdot dy} \cong \frac{2G^2 EM_p \cos^2\theta_c}{\pi} \cdot x \cdot d_p(x). \tag{10.17}$$

Reaktion $\nu_\mu n \to \mu^- +$ Hadronen (Neutrino-Neutron-Streuung):

$$\frac{d^2\sigma(\nu n)}{dx \cdot dy} \cong \frac{2G^2 EM_p \cos^2\theta_c}{\pi} \cdot x \cdot d_n(x).$$

Reaktion $\bar\nu_\mu p \to \mu^+ +$ Hadronen:

$$\frac{d^2\sigma(\bar\nu p)}{dx \cdot dy} \cong \frac{2G^2 EM_p \cos^2\theta_c}{\pi} \cdot x \cdot u_p(x) \cdot (1-y)^2.$$

Reaktion $\bar\nu_\mu n \to \mu^+ +$ Hadronen:

$$\frac{d^2\sigma(\bar\nu n)}{dx \cdot dy} \cong \frac{2G^2 EM_p \cos^2\theta_c}{\pi} \cdot x \cdot u_n(x) \cdot (1-y)^2.$$

Dabei sind $u_p(x)$, $d_p(x)$ die Zahl der u- bzw. d-Quarks im Proton mit einem Impulsbruchteil x des Protons, und $u_n(x)$, $d_n(x)$ sind die entsprechenden Größen des Neutrons. Vertauscht man u- mit d-Quarks, so geht das Proton in ein Neutron über (Ladungssymmetrie), und deshalb

$$u_p(x) = d_n(x) \qquad d_p(x) = u_n(x). \tag{10.18}$$

Die meisten genauen Messungen wurden bisher an Kernen durchgeführt, die in guter Näherung gleich viele Protonen und Neutronen haben. Als Ergebnis der Messung gibt man den Wirkungsquerschnitt pro Nukleon an, dies ist der zwischen Proton und Neutron gemittelte Querschnitt:

$$\begin{aligned}\sigma^\nu &= (\sigma(\nu p) + \sigma(\nu n))/2 \\ \sigma^{\bar\nu} &= (\sigma(\bar\nu p) + \sigma(\bar\nu n))/2.\end{aligned} \tag{10.19}$$

Man beachte mit Gl. (10.18), daß

$$d_p(x) + u_p(x) = d_n(x) + u_n(x) = d(x) + u(x)$$

und nennt

$$q(x)dx = (d(x) + u(x))dx \tag{10.20}$$

die Zahl der Quarks im Nukleon mit einem Impulsbruchteil zwischen x und x + dx[1]).
Man erhält dann aus Gl. (10.17)

$$\begin{aligned}\frac{d^2\sigma^\nu}{dxdy} &\cong \frac{G^2 EM_p \cos^2\theta_c}{\pi} x \cdot q(x) \\ \frac{d^2\sigma^{\bar\nu}}{dxdy} &\cong \frac{G^2 EM_p \cos^2\theta_c}{\pi} x \cdot q(x) \cdot (1-y)^2.\end{aligned} \tag{10.21}$$

---

[1]) Verbindung zu dem f(x) aus Gl. (10.13): $q(x) \cong 3f(x)$.

10.3 Tief unelastische Neutrinostreuung

Das Quarkmodell sagt also die tief unelastische Streuung von Neutrinos an Nukleonen genau voraus. Es muß „von außen" lediglich die Verteilungsfunktion q(x) der Quarks im Nukleon eingeführt werden. Es ist eine der wesentlichen Stützen des Quarkmodells des Nukleons, daß die Gl. (10.21) experimentell bestätigt sind[1]).
Dies wird nun ausgeführt.

(i) Totaler Wirkungsquerschnitt für (Anti-)Neutrinostreuung. Durch Integration der Gl. (10.21) über x und y erhält man den totalen Wirkungsquerschnitt

$$\sigma_T^\nu = \frac{G^2 \cdot M_p \cdot E \cdot \cos^2 \theta_c}{\pi} \int_0^1 x \cdot q(x) \cdot dx$$

$$\sigma_T^{\bar\nu} = \frac{G^2 \cdot M_p \cdot E \cdot \cos^2 \theta_c}{3\pi} \int_0^1 x \cdot q(x) \cdot dx.$$

(10.22)

Das Integral ist eine feste Zahl. Der totale Wirkungsquerschnitt nimmt also proportional zur Neutrinoenergie E zu. Die Experimente zeigen dieses Verhalten (Fig. 10.8), das charakteristisch für die schwache Wechselwirkung an einem Punktfermion ist[2]).

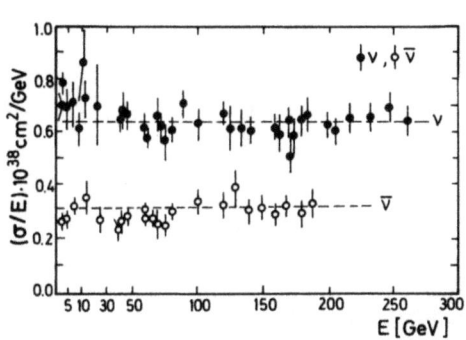

Fig. 10.8
Totaler Neutrino- und Antineutrinowirkungsquerschnitt σ_T am Nukleon (Mittelwert zwischen Proton und Neutron). Aufgetragen ist das Verhältnis $\sigma_T/E = \sigma/E$ gegen die Neutrinoenergie E. Der Wirkungsquerschnitt σ_T ist also proportional E (nach einer Zusammenstellung von F. Büsser, 19. Int. Universitätswochen in Schladming, 1980)

(ii) Falls die Quarks den gesamten Impuls des Nukleons enthalten, muß die Summierung aller Impulsbruchteile der Quarks = 1 sein, also

$$\int_0^1 xq(x)dx = 1 \; (?)$$

Die Messung Fig. 10.8 zeigt jedoch, daß dieses Integral den Wert 0,4 hat. Die Quarks enthalten also nur etwa 40% des Impulses des Nukleons. Dasselbe Ergebnis erhält man durch Integration über die elektromagnetische Strukturfunktion $F_2(x)$ der Muon- oder

---

[1]) Die Gl. (10.21) sind nicht ganz exakt. Korrekturen werden weiter unten besprochen.
[2]) S. Gl. (9.11) und beachte, daß der Schwerpunktimpuls p^* für $p^* \gg M_p$ näherungsweise gegeben ist durch $p^* = \sqrt{xEM_p/2}$

138   10 Quarkmodell des Nukleons

Elektronstreuung am Nukleon. Man nimmt an, daß der fehlende Impuls im Nukleon von Gluonen getragen wird. Dies war der erste (sehr indirekte) Hinweis auf die Existenz der Gluonen.

(iii) y-Verteilung. Fig. 10.9 zeigt die y-Verteilung bei der ν- und $\bar{\nu}$-Nukleonstreuung. Sie entspricht beinahe, also nicht ganz genau der Form der Gl. (10.21) (Konst. bzw. $(1-y)^2$). Die kleinen Abweichungen werden folgendermaßen erklärt: Die Quarks im Nukleon üben durch Austausch von Gluonen Kräfte aufeinander aus. Ein Indiz für die Existenz dieser Gluonen sind die Beobachtungen unter (ii). Diese Gluonen sind an Quark-Antiquarkpaare gekoppelt, die virtuell für kurze Zeit im Nukleon existieren können. Das Bild des Nukleons muß also wie folgt verfeinert werden: Zusätzlich zu den drei Quarks, die man Valenzquarks nennt, gibt es eine nicht genau definierte Zahl von Quark-Antiquarkpaaren (Quarksee). Die Neutrinos können auch an den Quarks des Sees streuen. Die Formeln müssen auf das Vorhandensein des Quarksees erweitert werden.

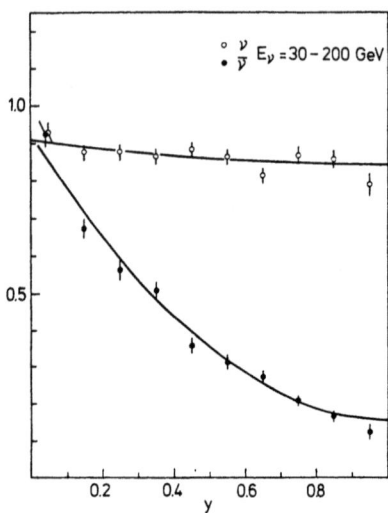

Fig. 10.9
y-Verteilung für Neutrinos und Antineutrinos
(nach [Gr 79])

Der Anteil von Antiquarks im Nukleon wird bestimmt durch Anpassen der y-Verteilungen in Fig. 10.9 oder aus den totalen Wirkungsquerschnitten für Neutrino und Antineutrino. Man findet für den Impulsbruchteil ϵ, der von Antiquarks getragen wird

$$\epsilon \sim 0{,}18$$

— eine nicht sehr kleine Zahl!

Um die Analogie zur Elektron-(Muon-)-Nukleonstreuung zu vervollständigen, führt man die zwei Neutrinostrukturfunktionen $F_2^\nu(x)$ und $F_3^\nu(x)$ ein. Statt Gl. (10.21) erhält man:

10.3 Tief unelastische Neutrinostreuung

$$\frac{d^2\sigma^\nu}{dx \cdot dy} = \frac{G^2 \cdot E \cdot M_p \cdot \cos^2\theta_c}{\pi} \cdot \left[\left(1 - y + \frac{y^2}{2}\right) F_2^\nu(x) + \left(y - \frac{y^2}{2}\right) \cdot x \cdot F_3^\nu(x)\right]$$
(10.23)

$$\frac{d^2\sigma^{\bar\nu}}{dx \cdot dy} = \frac{G^2 \cdot E \cdot M_p \cdot \cos^2\theta_c}{\pi} \cdot \left[\left(1 - y + \frac{y^2}{2}\right) F_2^\nu(x) - \left(y - \frac{y^2}{2}\right) \cdot x \cdot F_3^\nu(x)\right].$$
(10.24)

Im Gegensatz zur Elektron- oder Muonstreuung tritt hier eine zusätzliche Strukturfunktion $F_3^\nu(x)$ auf. Diese hat etwas mit der Paritätsverletzung bei der schwachen Wechselwirkung zu tun. Der $F_3^\nu(x)$-Term hat für Neutrino- und Antineutrinoreaktionen das entgegengesetzte Vorzeichen. Durch Vergleich von Neutrino- und Antineutrinostreuung kann man $F_2^\nu(x)$ und $F_3^\nu(x)$ einzeln bestimmen.

Die Strukturfunktionen für Proton und Neutron sind natürlich verschieden, und wären in den Gl. (10.23), (10.24) durch zusätzliche Indizes anzumerken. Für Messungen an Targetkernen mit Protonzahl = Neutronzahl („Isoskalares Target") gilt aber wegen der Ladungssymmetrie

$$F_i^\nu(x) = \frac{1}{2}(F_i^{\nu p} + F_i^{\nu n}) = \frac{1}{2}(F_i^{\bar\nu p} + F_i^{\bar\nu n}),$$

so daß in den Gleichungen, die für isoskalare Targets gelten, die Indizes, die ν und $\bar\nu$ unterscheiden, wegbleiben können.

Durch Vergleich der Gl. (10.23), Gl. (10.24) und Gl. (10.21) erhalten wir

$$F_2^\nu(x) = x \cdot (q(x) + \bar q(x))$$
$$xF_3^\nu(x) = x \cdot (q(x) - \bar q(x) + 2\bar s(x) - 2\bar c(x)) \quad (10.25)$$
$$xF_3^{\bar\nu}(x) = x \cdot (q(x) - \bar q(x) - 2\bar s(x) + 2\bar c(x)).$$

Hierbei sind noch die Verteilungsfunktionen der Quarks und Antiquarks des Sees eingeführt worden. Diese Gl. (10.25) zeigen, wie die Ladungssymmetrie durch Anteil an s- und c-Quarks verletzt wird. Da dieser Anteil aber sehr klein ist, kann man ihn meist vernachlässigen. Eine wichtige Beziehung ist dann (Llewellyn-Smith Summenregel):

$$\int_0^1 F_3^\nu(x) dx = N_v, \quad (10.26)$$

wobei N_v = Zahl der Valenzquarks = 3. Es ist offensichtlich wichtig nachzuprüfen, ob das Nukleon tatsächlich 3 Valenzquarks enthält[1]. Aus dem gemessenen Verlauf von $F_3^\nu(x)$ erhält man das folgende experimentelle Ergebnis:

$$\int_0^1 F_3(x) dx = 2{,}8 \pm 0{,}1 \quad [Sc85]$$

---

[1]) Wegen Korrekturen durch die starke Wechselwirkung erwartet man genauer $3 \cdot (1 - \alpha_S/\pi) \cong 2{,}74$.

10 Quarkmodell des Nukleons

Ein weiterer beeindruckender Test des Quarkmodells des Nukleons ist der Vergleich von Muon(Elektron)- und Neutrinonukleonstreuung.

Nach Gl. (10.25) gilt

$$F_2^\nu(x) \approx xq(x), \qquad (10.27)$$

und nach Gl. (10.16) gilt

$$F_2^{eN}(x) = xf(x) \; \Sigma \; Q_q^2.$$

Die Strukturfunktionen $F_2^\nu(x)$ und $F_2^e(x)$ sind gemessene Funktionen von x. Die Summe $\Sigma \; Q_q^2$ geht über die Quarks eines isoskalaren Targets, das man mit $F_2^\nu(x)$ vergleichen will, also

$$\Sigma \; Q_q^2 = \frac{1}{2}\left(\left(\left(\frac{1}{3}\right)^2 + \left(\frac{1}{3}\right)^2 + \left(\frac{2}{3}\right)^2\right) + \left(\left(\frac{2}{3}\right)^2 + \left(\frac{2}{3}\right)^2 + \left(\frac{1}{3}\right)^2\right)\right) = \frac{15}{18}.$$

Beachtet man noch $q(x) \approx 3f(x)$, so gilt aus Gl. (10.16) und Gl. (10.27):

$$F_2^\nu(x) = \frac{18}{5} F_2^{eN}(x).$$

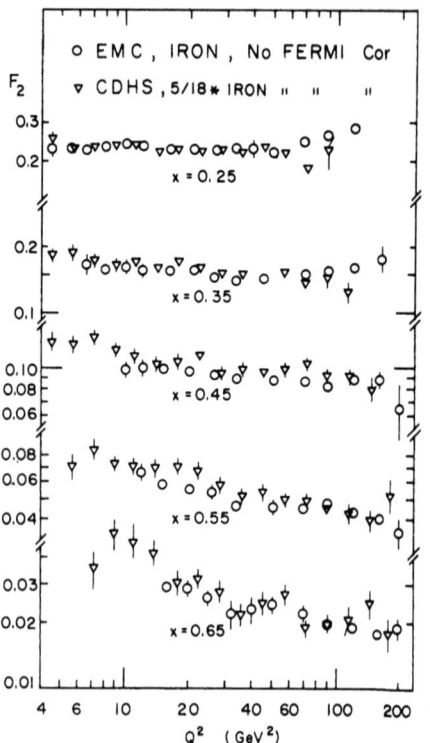

Fig. 10.10 zeigt eine Prüfung dieser Beziehung.

Fig. 10.10
Vergleich der Strukturfunktion $F_2^e = F_2^\mu$ für Muon-Nukleonstreuung (EMC) und der Strukturfunktion F_2^ν für Neutrino-Nukleonstreeung (CDHS). Aufgetragen ist $F = F_2^\mu = 5/18$. F_2^ν gegen Q^2 (nach [Gr 79] und Messungen der Europäischen Muonkollaboration; ich danke Dr. E. Gabathuler und Prof. J. Steinberger für das Bild)

Dies ist der wohl eindrücklichste Test des Quarkmodells des Nukleons. Er setzt die Strukturfunktionen von Muon- und Neutrinostreuung in Beziehung zueinander. Die Übereinstimmung zeigt, daß die x-Verteilung der Quarks im Nukleon gleich herauskommt, egal ob sie mit Neutrinos oder mit Muonen gemessen wird. Die Bestätigung des Faktors 18/5 ist neben Gl. (7.5) die beste unabhängige Bestätigung der Ladungen der Quarks.

In allen diesen Überlegungen wurden die Quarks als quasi freie Teilchen behandelt. Darf man das, wo doch zwischen ihnen die starken Gluon-Kräfte herrschen? Die Antwort besteht darin, daß diese Reaktionen bei großen Werten des (Impulsübertrags)^2 = = Q^2 betrachtet werden, also im Gebiet „asymptotischer Freiheit", wo nach Gl. (7.1) die Gluonkräfte klein werden. Trotzdem müssen diese Kräfte bei genauerer Messung nachzuweisen sein. In der Tat sieht man (s. Fig. 10.10), daß die Strukturfunktionen in Wirklichkeit doch etwas von Q^2 abhängen, so daß man ansetzen muß:

$$F_2^\nu(x, Q^2), \quad F_3^\nu(x, Q^2), \quad F_2^e(x, Q^2)$$

Die schwache Q^2-Abhängigkeit der Strukturfunktionen stimmt nach Größe und funktioneller Form mit Rechnungen der Quantenchromodynamik überein. Aus einer störenden Abweichung vom Skalenverhalten gewinnt man so sogar einen wichtigen Test der QCD.

11 Zusammenfassung – das Standard-Modell

Physik als deduktive Wissenschaft – dies bedeutet, von einigen wenigen, nicht näher begründbaren Konstanten und Gesetzen ausgehend, die gesamte Physik mathematisch herzuleiten. Es ist klar, daß in vielen Fällen die Komplexität tatsächlicher Probleme der Berechenbarkeit praktische Grenzen setzt – man denke etwa an die Schwierigkeit, quantenmechanische Rechnungen für chemische Probleme durchzuführen, oder an Phänomene, die als „deterministisches Chaos" bezeichnet werden wie z. B. das Wetter. Eine deduktive Herleitung wird in solchen Fällen nur als Idealvorstellung existieren; trotzdem bleibt die Tatsache bestehen, daß die gesamte Natur „im Prinzip" auf einige wenige Bausteine und Kräfte zurückgeführt werden kann.

Die Elementarteilchenphysik kommt in ihrem gegenwärtigen Kenntnisstand dem Ideal ziemlich nahe, eine solche einfache Grundlage für einen deduktiven Aufbau der Physik zu liefern. Dieses als „Standard-Modell" bezeichnete Modell ist mit allen bisher bekannten experimentellen Tatsachen in Übereinstimmung. Es wird hier als Zusammenfassung der in diesem Buch erklärten Dinge vorgestellt.

Das Standard-Modell enthält als Basis eine Liste von Teilchen, welche als elementar angesehen werden. „Elementar" bedeutet, daß diese Teilchen keine nachweisbare räumliche Struktur besitzen, in klassischer Sprache sind sie „punktförmig". Da wir wissen, daß es Systeme mit halbzahligem Spin gibt, müssen einige oder alle dieser Teilchen halbzahligen Spin haben.

11 Zusammenfassung – das Standard-Modell

Damit etwas geschieht, müssen diese Teilchen aufeinander einwirken können, klassisch gesagt müssen sie „Kräfte" ausüben können. Der zweite Bestandteil des Standard-Modells enthält also die Wechselwirkungsetze zwischen den elementaren Teilchen. Und das ist alles.

Tab. 11.1 zeigt die elementaren Teilchen. Es sind dies drei Paare von Quarks und drei Paare von Leptonen. Sie haben sämtlich Spin 1/2, sind also Fermionen. Einzelheiten sind in Abschn. 5.2 und Abschn. 7.1 aufgeführt. Das top-Quark ist bisher nicht beobachtet worden; man schließt, daß seine Masse zwischen 50 GeV/c^2 und 200 GeV/c^2 liegen muß [Mu 88].

In dieser Tabelle sind die Fermionpaare nach steigenden Massen und mit „Generation 1, 2, 3" bezeichnet. Sieht man von der Verschiedenheit der Massen ab, so scheinen sich die entsprechenden Teilchen in den einzelnen Generationen in nichts zu unterscheiden; z. B. haben e^-, μ^-, τ^- exakt dieselbe elektromagnetische und schwache Wechselwirkung. Dies wird als „Universalität" bezeichnet (s. Abschn. 8.2 und 9.2). Es sind bisher keine Übergänge zwischen den einzelnen Leptongenerationen beobachtet worden – formuliert als „Erhaltungssatz der Leptongenerations-Zahl" (s. Abschn. 8.1). Bei den Quarkgenerationen ist die Sache komplizierter. Die Basisteilchen, in denen die elementare Wechselwirkung formuliert ist, sind für die starke Wechselwirkung die Teilchen der Tab. 10.1; für die schwache Wechselwirkung sind dies aber die Paare ud', cs', tb', die über eine unitäre Transformation mit den Paaren der Tab. 10.1 verknüpft sind [Ko 73], [Gi 88] (für den Sonderfall von zwei Generationen siehe Gl. (9.9)).

Tab. 11.2 zeigt die elementaren Wechselwirkungen ohne die Gravitation, die natürlich ebenfalls wirkt, aber eine Sonderstellung einnimmt und im folgenden nicht weiter betrachtet wird.

Die in Tab. 11.2 aufgeführten Wechselwirkungen haben zwei wichtige Gemeinsamkeiten: (i) Die den Feldern zugeordneten Feldquanten sind Teilchen mit Spin = 1 (Vektorteilchen); (ii) Die Theorien, welche die Wechselwirkung beschreiben, sind Eichtheorien: Sie sind invariant unter einer sogenannten Eichtransformation [Be 83].

Das **s t a r k e   F e l d** der Gluonen greift an den Farbladungen der Quarks an. Es gibt drei Arten von Farbladungen (s. Abschn. 7.2). Wählt man sie als Basisvektoren eines abstrakten dreidimensionalen Farbraumes, so ist die Theorie so konstruiert, daß sie invariant ist unter der Gruppe der Transformationen SU3[1]), welche auf die Farbladungen wirken, z. B. Farbladungen vertauschen können. Man kann zeigen, daß es unter diesen Umständen acht Gluonen gibt[2]), die selbst eine (komplizierte) Farbladung tragen, so daß sie im Gegensatz zu den Photonen, die ja keine elektrische Ladung tragen, mit sich selbst in starke Wechselwirkung treten können. Dies hat weiter zur Folge, daß die starke Wechselwirkung bei sehr kleinen Abständen verhältnismäßig schwach wird („asymptotische Freiheit, siehe Gl. (7.1) und Abschn. 10.2), aber bei großen Abständen (> einige fm) sehr stark wird. Man ist nahe daran beweisen zu können, daß die Kraft bei großen Abständen in der Tat so groß wird, daß es unmöglich ist, die Quarks und auch die

---

[1]) SU3 ist die Gruppe der unitären 3 x 3-Matrizen mit Determinante 1.
[2]) Entsprechend den 8 Generatoren der Gruppe SU3.

11 Zusammenfassung – das Standard-Modell

Gluonen als freie Teilchen (d. h. in sehr großem Abstand voneinander) zu erhalten („infrarote Sklaverei").

Die Forderung der Eichinvarianz, der SU3-Symmetrie und einige andere einleuchtende Forderungen wie Lorentzinvarianz legen die Struktur der starken Wechselwirkung eindeutig fest bis auf eine Konstante $\Lambda \approx 100$ MeV, welche den Absolutwert der Stärke der Wechselwirkung regelt und die dem Experiment entnommen werden muß.

Die elektromagnetische Wechselwirkung ist ebenfalls eine Eichtheorie. Ihr Feldquant ist das masselose Photon. Ihre Theorie liefert über einen riesigen Energiebereich hinweg – Atomphysik bis zur Physik der Speicherringe – richtige und genaue Ergebnisse.

Dieses konnte man von der s c h w a c h e n W e c h s e l w i r k u n g vor ihrer Vereinigung mit der e l e k t r o m a g n e t i s c h e n W e c h s e l w i r k u n g nicht sagen. Die Resultate der alten Theorie der schwachen Wechselwirkung mit W^+- und W^--Bosonen zeigen zwar bei kleinen Energien gute Übereinstimmung mit dem Experiment (s. Abschn. 9), jedoch erhält man im Grenzfall sehr hoher Energie paradoxe Ergebnisse. So findet man z. B. für die Reaktion $\nu + \bar{\nu} \to W^+ + W^-$ einen unendlich großen Wirkungsquerschnitt im Grenzfall unendlich hoher Energie. Auf der Suche nach einer Eichtheorie, die diese unangenehmen Eigenschaften nicht hat, wählte man eine mit SU2-Symmetrie; eine solche Theorie führt auf drei masselose Eich-Vektorteilchen als Quanten des Feldes, nämlich W^+, W^- und ein neutrales Boson W^0, entsprechend den drei Generatoren von SU2. Ein neutrales Boson ist auch notwendig, um die Divergenzen des o. e. Wirkungsquerschnitts zu beseitigen. Diese Theorie führte historisch zu einer wichtigen Voraussage: Die Existenz „neutraler Ströme", also von Reaktionen, welche nur durch den Austausch eines neutralen Vektorbosons W^0 (bzw. Z^0, s. w. u.) erklärt werden können (s. Fig. 9.2). Die Kopplungsstärke dieses Feldes ist g (entsprechend der Ladung e im elektromagnetischen Feld), wobei der folgende Zusammenhang mit der Fermi-Kopplungskonstanten G besteht, erhalten durch Vergleich von Formeln für denselben Prozeß im Grenzfall niedriger Energie:

$$G = \frac{\sqrt{2} \cdot g^2}{8(M_W c^2)^2} \qquad M_W = \text{Masse des W-Bosons.} \tag{11.1}$$

Für $M_W \sim 37$ GeV/c^2 erhält man $g^2 \sim 4\pi\alpha = e^2/\epsilon_0 \hbar c$; man erkennt, daß die Stärke der elektromagnetischen und der schwachen Wechselwirkung so verschieden nicht sind, wenn man sie bei Energien $M_W c^2$ vergleicht. Dies legt es nahe, beide Wechselwirkungsarten zusammen zu betrachten. Man führt dazu noch eine weitere Symmetrie, U1 ein, welche als Feldquant ein neutrales masseloses Vektorboson Y^0 und eine Kopplungskonstante g' hat.

Die Symmetrien SU2 und U1 wirken auf die Fermionpaare $(e^- \nu_e)$, $(\mu^- \nu_\mu)$, $(\tau^- \nu_\tau)$, (d'u), (s'c), (b't) in einer Weise, die hier nicht erklärt werden kann. Es wäre naheliegend, das Y^0-Teilchen mit dem Photon zu identifizieren, jedoch erhält man bei der gewählten Zuordnung von U1 zu den Fermionpaaren (zur mittleren Ladung eines Paares) eine Kopplung des Y^0 an Neutrinos, die das Photon nicht hat. Man muß deshalb annehmen, daß das Photonfeld eine quantenmechanische Mischung der Felder von W^0 und Y^0 ist; dazu gibt es ein entsprechendes zweites Feld, das Z^0, welches zum Photonfeld orthogonal ist. In Analogie zu Gl. (9.9) schreibt man

$$W^0 = Z^0 \cos\theta_W + A \sin\theta_W$$
$$Y^0 = -Z^0 \sin\theta_W + A \cos\theta_W \tag{11.2}$$

Hierbei sind W^0, Y^0, Z^0, A die Vektorfelder der Teilchen W^0, Y^0, Z^0 und des Photons. Der Winkel θ_W heißt Weinbergwinkel. Aus der Forderung, daß das A-Feld des Photons nicht an Neutrinos koppelt, erhält man

$$\tan\theta_W = g'/g \tag{11.3}$$

In der ursprünglichen Formulierung dieser Theorie sind die Vektorteilchen masselos. Es ist nun gelungen, die Theorie so zu formulieren, daß drei der vier Teilchen eine Masse besitzen können, ohne daß dies die guten Eigenschaften der ursprünglichen Theorie mit masselosen Teilchen zerstört. Dies geschieht mit dem sogenannten „Higgs-Mechanismus" (genannt nach einem englischen Physiker), der zur Voraussage eines neuen neutralen massiven Teilchens mit Spin 0 führt, dem „Higgs". Dies kann hier nicht weiter erklärt werden.

Durch die Mischung des Photonfeldes A mit dem Z^0-Feld werden die Kopplungskonstanten g, g' und e über den Weinbergwinkel θ_W verknüpft, und man kann dann den Zusammenhang (11.1) zwischen g und G nach der Masse des W^+ oder W^- Vektorbosons auflösen:

$$M_W \cdot c^2 = \sqrt{\frac{\sqrt{2} \cdot g^2}{8 \cdot G}} = \sqrt{\frac{\sqrt{2} \cdot 4\pi\alpha}{8G}} / \sin\theta_W \tag{11.4}$$

Die Masse des Z^0-Bosons ist

$$M_{Z^0} = M_W / \cos\theta_W. \tag{11.5}$$

Der Weinbergwinkel kann aus dem Vergleich von Neutrinoreaktionen mit W- bzw Z^0-Austausch bestimmt werden, z. B. erhält man [Lo 86]

$$\frac{\sigma_T(\nu N \to \nu X)}{\sigma_T(\nu N \to \mu X)} = \frac{1}{2} - \sin^2\theta_W + \frac{20}{27} \sin^4\theta_W$$

wobei σ_T der totale Neutrino-Kernwirkungsquerschnitt ist mit einem ν_μ bzw. μ^- im Endzustand, zusammen mit dem hadronischen Rest X.
Man erhät

$$\sin^2\theta_W = 0{,}230 \pm 0{,}005$$

Hieraus erhält man mit den Gl. (11.4) und (11.5)

$$M_W = 77 \text{ GeV}/c^2 \quad \text{und} \quad M_Z = 88 \text{ GeV}/c^2.$$

Strahlungskorrekturen erhöhen diese theoretischen Voraussagen um etwa 3 GeV/c^2, und sie sind dann in guter Übereinstimmung mit den gemessenen Werten von 80,9 ± 1,4 GeV/c^2 bzw. 91,9 ± 1,8 GeV/c^2 für die W- bzw. Z-Masse. Die Entdeckung des W^+, W^- und des Z^0 gelang 1983 am CERN.

11 Zusammenfassung – das Standard-Modell   145

Bei diesem Experiment werden im Super-Protonsynchrotron (SPS) entgegengesetzt umlaufende Ströme von Protonen und Antiprotonen gespeichert bei einer Energie von je 270 GeV. Die Bosonen W^+, W^- und Z^0 entstehen über die Elementarreaktionen

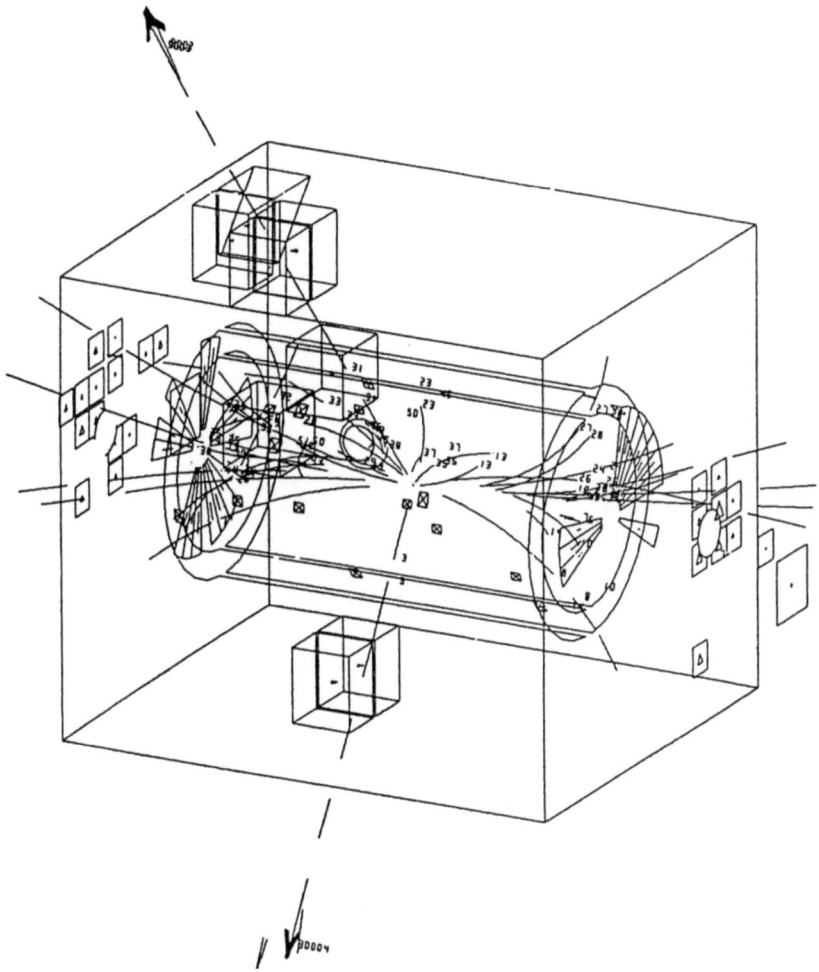

Fig. 11.1 Erzeugung eines Z^0-Bosons in der Reaktion $p\bar{p} \to Z^0$ + weitere Teilchen und Nachweis über den Zerfall $Z^0 \to \mu^+\mu^-$. Rechnerrekonstruktion eines Ereignisses im UA-1-Detektor am CERN. Von den vielen vom Wechselwirkungspunkt ausgehenden Spuren werden die beiden mit Pfeilen bezeichneten wegen ihres Durchdringungsvermögens als Muonen identifiziert. Aus ihren gemessenen Impulsen wird die Masse des Zwei-Muonsystems berechnet; es ergibt sich ein Wert nahe der Z^0-Masse

11 Zusammenfassung – das Standard-Modell

Tab. 11.1 Die elementaren Fermionen

Generation	Quarks		Ladung	Leptonen		Ladung
1	up	u	2/3	Elektron-Neutrino	ν_e	0
	down	d	−1/3	Elektron	e^-	−1
2	Charm	c	2/3	Muon-Neutrino	ν_μ	0
	seltsames q	s	−1/3	Muon	μ^-	−1
3	top	t	2/3	tau-Neutrino	ν_τ	0
	bottom	b	−1/3	tau	τ^-	−1

Tab. 11.2 Die elementaren Wechselwirkungen

	Feldquant	Masse M elektrische Ladung Q	wirkt auf	effektive Ladung	siehe Abschnitt
Starke Wechselwirkung	Gluon	M = 0 Q = 0	Quarkpaare derselben Sorte (u, d, c, s, t oder b), aber verschiedener Farbe	Farbladung $\sqrt{\alpha_s}$	7.2
Elektroschwache Wechselwirkung	W-Boson	M = 80,9 ± 1,4 GeV/c² Q = ±1	Fermionpaare der Tab. 9.1	g	9.1 9.2
	Z-Boson	M = 91,9 ± 1,8 GeV/c² Q = 0	Fermionpaare der Tab. 9.1	e, g'	8.2 9.1
	Photon	M = 0 Q = 0	Fermionpaare e^+e^-, $\mu^+\mu^-$, $\tau^+\tau^-$, $\bar{u}u$, $\bar{d}d$, $\bar{c}c$, $\bar{s}s$, $\bar{t}t$, $\bar{b}b$	e	8.2

$$u\bar{d} \to W^+, \quad \bar{u}d \to W^-, \quad u\bar{u} \to Z^0, \quad d\bar{d} \to Z^0$$

mit den in den Protonen und Antiprotonen enthaltenen u, d bzw. $\bar{u}$, $\bar{d}$-Quarks. Die Vektorbosonen werden nachgewiesen über ihre Zerfälle (siehe Fig. 11.1)

$$W^+ \to \mu^+\nu_\mu, \to e^+\nu_e$$

und $\quad Z^0 \to \mu^+\mu^-, e^+e^-$.

Damit ist eine Art Schlußstein in das Gebäude des Standard-Modells gesetzt.

11 Zusammenfassung – das Standard-Modell

Die ganze Physik kann so auf einer Seite DIN A4 zusammengefaßt werden. Diese enthält:

> Die Tabelle 11.1 mit der Liste der Fermionen
> Die Tabelle 11.2 mit der Liste der Wechselwirkungen
> Die Einsteinsche Gleichung der Gravitation
> Die Gleichung für die starke Wechselwirkung (QCD)
> Die Gleichung für die elektroschwache Wechselwirkung

Außerdem benötigt man noch die folgenden Zahlen: Die Massen der 12 elementaren Fermionen, die Gravitationskonstante, die Skalenkonstante der starken Wechselwirkung Λ, die Feinstrukturkonstante α, die Fermi-Kopplungskonstante G, den Weinbergwinkel θ_W, die vier Konstanten der KM-Matrix und vier Zahlen, welche phänomenologisch die rätselhafte CP-Verletzung beschreiben. Dazu kommen noch $\hbar$, c und die Masse des Higgs. Dies sind insgesamt 28 Zahlen.

Ist damit die Physik „fertig"? Nein. Warum 28 Zahlen? Lassen sich einige davon berechnen? Warum drei Generationen? Existiert das Higgs-Meson? Wie geht der Weg ins Innere der Materie weiter? Hierzu Kant [Ka 55]:

> „Aber, welches wird denn endlich das Ende der systematischen Einrichtungen sein? Wo wird die Schöpfung selber aufhören? Man merket wohl, daß, um sie in einem Verhältnisse mit der Macht des unendlichen Wesens zu gedenken, sie gar keine Grenzen haben müsse".

Anhang

Wichtige Naturkonstanten

N	$= 6{,}0221367(36) \cdot 10^{23}$ mol^{-1}	Zahl der Atome in 1 Mol
c	$= 2{,}99792458 \cdot 10^{-8}$ m/s	Lichtgeschwindigkeit
e	$= 1{,}60217733(49) \cdot 10^{-19}$ C	Elementarladung
$\hbar$	$= h/2\pi = 6{,}5821220(20) \cdot 10^{-22}$ MeV·s	Plancksche Konstante/2π
$\hbar c$	$= 1{,}97327053(59) \cdot 10^{-11}$ MeV cm	
α	$= \dfrac{e^2}{4\pi\epsilon_0 \hbar c} = 1/137{,}0359895(61)$	Feinstrukturkonstante
m_e	$= 0{,}51099906(15)$ MeV/c^2	Elektronmasse
m_p	$= 938{,}27231(28)$ MeV/c^2	Protonmasse
r_e	$= e^2/4\pi\epsilon_0 m_e c^2 = 2{,}81794092(38) \cdot 10^{-13}$ cm	klassischer Elektronenradius
μ_B	$= e\hbar/2m_e = 5{,}78838263(52) \cdot 10^{-11}$ MeV/T	Bohrsches Magneton
G	$= 1{,}16637(2) \cdot 10^{-5}$ GeV^{-2}	Fermi-Kopplungskonstante
γ	$= 6{,}67259(85) \cdot 10^{-11}$ m^3/kg·s^2	Gravitationskonstante
ϵ_0	$= 8{,}854187817 \cdot 10^{-12}$ As/Vm	Elektrische Feldkonstante

Nützliche Beziehungen

1 Fermi = 1 fm = 10^{-13} cm
1 barn = 1 b = 10^{-24} cm^2 = 10^3 mb = 10^6 μb = 10^9 nb
1 MeV   = 10^6 eV = 10^{-3} GeV = 10^{-6} TeV = $1{,}6022 \cdot 10^{-13}$ J

Krümmungsradius im Magnetfeld:

p = 300 · B · R, wobei p = Impuls in MeV/c,
                        B = Feld in Tesla, R = Krümmungsradius in m.

Eine Übersicht über alle Teilcheneigenschaften und Konstanten nach dem neuesten Stand findet sich in „Review of Particle Properties", Particle Data Group [Pa 88].

Literatur

Weiterführende Literatur über Atom-, Kern- und Elementarteilchenphysik:
Mayer-Kuckuk, T.: Atomphysik. 3. Aufl., Stuttgart: Teubner 1985
Mayer-Kuckuk, T.: Kernphysik. 4. Aufl., Stuttgart: Teubner 1984
Lohrmann, E.: Hochenergiephysik. 3. Aufl., Stuttgart: Teubner 1986
sowie die dort zitierte Literatur

[Aa 68]	Aachen – Berlin – Bonn – Hamburg – Heidelberg – München Kollaboration, Phys. Rev. **175** (1968) 1669
[All 81]	Allkofer, O. C.; et al.: Nucl. Instr. and Meth. **179** (1981) 445
[An 32]	Anderson, C. D.: Science **76** (1932) 238
[Ba 70]	Bathow, G.; et al.: Nucl. Phys. **B 20** (1970) 592
[Be 83]	Becher, P.; Böhm, M.; Joos, H.: Eichtheorien der starken und elektroschwachen Wechselwirkung. 2. Aufl. Stuttgart: Teubner 1983
[Be 81a]	Bebek, S. C.; et al.: Phys. Rev. Lett. **46** (1981) 80, 84
[Bi 78]	Bienlein, J. K.; et al.: DESY-Bericht 78/45
[Bl 50]	Blunck, O.; Leisegang, S.: Z. Phys. **128** (1950) 500
[Bl 79]	Blietschau, J.; et al.: Phys. Let. **86B** (1979) 108
[Bo 78]	Bosetti, P. C.; et al.: Nucl. Phys. **B142** (1978) 1
[Bo 79]	Bozzoli, W.; et al.: Nucl. Phys. **B159** (1979) 363
[Bo 79a]	Bodek, A.; et al.: Phys. Rev. **D20** (1979) 1471
[Bo 80]	Boerner, H.; et al.: Nucl. Instr. and Meth. **176** (1980) 151
[Br 78]	Bregman, M.; et al.: Phys. Lett. **78B** (1978) 174
[Br 80]	Brandelik, R.; et al.: (TASSO Kollab.) DESY-Ber. 80/33
[Br 82]	Brandelik, R.; et al.: (TASSO Kollab.) DESY-Ber. 82/010
[Br 86]	Brückmann, H.; Behrens, U.; Anders, B.: DESY-Ber. 86–150
[Bu 80]	Bussière, A.; et al.: Nucl. Phys. **B174** (1980) 1
[Bu 81]	Burkhardt, H.; et al.: Nucl. Instr. and Meth. **184** (1981) 319
[Cha 80]	Chanowitz, M. S.: Phys. Rev. Lett. **44** (1980) 59
[Ch 55]	Chamberlain, O.; Segré, E.; Wiegand, C.; Ypsilantis, T.: Phys. Rev. **100** (1955) 947
[Ch 81]	Chadwick, K.; et al.: Phys. Rev. Lett. **46** (1981) 84
[Co 64]	Cords, D: Diplomarbeit, Hamburg 1964
[Cr 80]	Creutz, M.: Phys. Rev. Lett. **45**(1980) 313
[Do 63]	Doede, J. H.: Phys. Rev. **132** (1963) 1782. Entdeckung des Effekts: Alvarez, L. W.; et al.: Phys. Rev. **105** (1957) 1127
[Dr. 71]	Drews, G.: Diss. Hamburg 1971
[El 80]	Ellis, J.: CERN TH 2924, TH 2858, Proc. Europhysics Study Conf. Erice 1980
[Fl 79]	Flügge, G.; Z. Phys. **C1** (1979) 121
[Fr 82]	Franzini, P.; Lee-Franzini, J.: Phys. Rev. **81** (1982) 239
[Gi 88]	Gilman, F.; Kleinknecht, K.; Renk, B.: in [Pa 88], S. 107

Literatur

[Go 58]   Goldhaber, M.; et al.: Phys. Rev. **109** (1958) 1015
[Gr 79]   DeGroot, H.; et al.: Z. Phys. **C1** (1979) 143
[Hi 56]   Johns, H. E.; Langhlin, J. S., In: Radiation Dosimetry (G. J. Hinen G. L. Brownell Ed.) New York – London: Academic Press (1956)
[Ho 81]   Hollebeek, R.: (MARK II Kollab.), Proc. 1981 Int. Symp. on Lepton and Photon Interactions at High Energies, Bonn
[Ka 55]   Kant, I.: Naturgeschichte des Himmels, 7. Hauptstück (1755)
[Ka 78]   Kaiser, H.; Steffen, K.: Interner DESY-Bericht PET-78/10
[Kl 87]   Kleinknecht, K.: Detektoren für Teilchenstrahlung. 2. Aufl. Stuttgart: Teubner 1987
[Ko 59]   Konopinski, E. J.: Ann Rev. Nucl. Science **9** (1959) 99
[Ko 73]   Kobayashi, M.; Maskawa, T.: Progr. Theor. Phys. **49** (1973) 652
[Ko 80]   Kogut, J. B.: Phys. Rep. **67** (1980) 67
[Ku 66]   Kuntze, H.: Diplomarbeit Hamburg 1966
[Le 56]   Lee, T. D.; Yang, C. N.: Phys. Rev. **194** (1956) 254
[Le 86]   Leroy, C.; Sirois, Y.; Wigmans, R.: Nucl. Instr. Methods **A252** (1986) 4
[Le 87]   Leo, W. R.: Techniques for Nuclear and Particle Physics Experiments. Springer-Verlag 1987
[Li 62]   Livingston, M. S.; Blewett, J. P.: Particle Accelerators, Düsseldorf – New York 1962
[Lo 86]   Lohrmann, E.: Hochenergiephysik. 3. Aufl. Stuttgart: Teubner 1986
[Lo 81a] Lohrmann, E.: Physik in unserer Zeit 1981/Nr. 4
[LR 81]   LaRue, G. S.; et al.: Phys. Rev. Lett. **46** (1981) 967
[Me 84]   Mayer-Kuckuk, T.: Kernphysik. 4. Aufl. Stuttgart: Teubner 1984
[Mu 88]   International Conference on High Energy Physics, München, August 1988, P. Langacker, S. 204
[Mü 72]   Müller, D.: Phys. Rev. **D5** (1972) 2677
[Mü 80]   Münster, G.: DESY-Bericht 80/112
[Na 86]   Nachtmann, O.: Elementarteilchenphysik. Braunschweig-Wiesbaden: Vieweg 1986, S. 34 u. S. 57
[Ni 80]   Niczyporuk, B.; et al.: DESY-Bericht 80/125
[Oh 88]   Ohara Optical Glass Inc., Watching, NJ 07060
[Pa 88]   Review of Particle Properties, Particle Data Group, Phys. Letters **B204** (1988)
[Pi 81]   Pietarinen, E.: Nucl. Phys. **B190** (1981) 349
[Pl 76]   Burmester, J.; et al. DESY-Bericht 76/53
[Ri 58]   Riezler, W.; Walcher, W.: Kerntechnik, Stuttgart: Teubner 1958
[Ri 61]   Ritson, D. M.: Techniques of High Energy Physics, New York: Wiley Interscience 1961
[Ro 52]   Rossi, B.: High Energy Particles, Hemel/Hempsteadt 1952
[Sc 85]   Sciulli, F.: Review in 1985 Kyoto Symp. on Lepton and Photon Interactions
[Sch 88] Schott GmbH., Mainz
[Schm 80] Schmidt, D.: Nucl. Inst. and Meth. **176** (1980) 39
[Se 59]   Segré, E.: Experimental Nuclear Physics Bdl, New York – London: Wiley 1959

[St 79]	S t a n g e , G.: Int. DESY-Report M-79/15
[Ta 79]	T a l m a n , R.: Nuclear Instr. and Meth. **159** (1979) 189
[Wa 79]	W a l e n t a , A.; et al.: Nucl. Instr. and Methods **161** (1979) 45
[Wa 85]	W a g o n e r , D. E., et al.: Nucl. Instr. Meth. **A238** (1985) 315
[Wo 81]	W o l f , G.: (TASSO Kollab.), DESY-Ber. 81/86
[Wu 57]	W u , C. S.; et al.: Phys. Rev. **105** (1957) 1413

Sachverzeichnis

Absorption von γ-Strahlung 33
Aerogel 44
Annihilation 19, 35, 66, 96
− in e^+e^- 98
Antineutron 66
Antiproton 19, 65
Antiteilchen 19, 64
Asymptotische Freiheit 96, 132, 142
Atom 7
− kern 7, 11

Baryon 68, 88
− -Dekuplett 88
− -Oktett 92
− − Σ^* 88, 91
− − Ξ^* 88, 91
− − Ω^- 88, 91
− − Λ 92
− − Σ 92
− − Ξ 92
− zahl 68, 69, 92
− − -Erhaltung 68, 92
barn 143
Beta-Funktion 59
Betatron-Schwingung 59
Betatronzahl 59
Betazerfall 20, 120
− des Neutrons 21, 74, 120
BGO 38
Blasenkammer 43
Bose-Einstein-Statistik 61
Boson 61
Bremsstrahlung 34

Callan-Gross Beziehung 135
Cabibbo-Winkel 116, 122
Cerenkovzähler 44
CERN 61
Charme 82
− -Teilchen-Zerfall 122, 123

Comptoneffekt 31
Conversikammer 43

Delta-Resonanz 68, 88
DESY 58
Diskriminator 39
Driftkammer 41

Eichtheorie 142
Elektron 8, 21, 63, 102, 112
− -Neutrino 8, 63
− quantenzahl 103
Elektronen|radius, klassischer 24
− volt 16
Elementarladung 8
Energieverlust durch Ionisation 27, 30

Farbe 72, 91, 95, 100
Feinstrukturkonstante 24, 71, 107
Feynmandiagramm 15, 71
Fermi 14, 143
− -Kopplungskonstante 115
− statistik 62
Fermion 61
FNAL 61
Fokussierung, starke 53
Funkenkammer 43

geladener Strom 74
Generationen 63, 102, 142
GeV 16, 143
Gesamtenergie 24
GIM 116, 122
Gittereichtheorie 101
Gluon 73, 96
− fabrik 101
Gravitation 75

Hadron 68, 76, 88
− kalorimeter 46
Heisenbergsche Ungenauigkeitsrelation 9

Sachverzeichnis

Helizität 125
Higgsmechanismus 144
Hyperfragment 93

Impuls 24
Ionisation 25
Isotop 9
Isospin 78

Jets 97

Kaon 79
K-Einfang 22, 121
$K^0_{L,S}$-System 127
K-Zerfall 121, 122
Kern|kraft 14, 73, 101
– positronzerfall 21, 121
– radius 14
– spuremulsion 43
Kopplungskonstante 96
kosmische Strahlung 19
Kräfte 14
kritische Energie 30, 36
Krümmungsradius im Magnetfeld 51, 143

Ladungskonjugation 126
Lamb-Shift 109
Landauverteilung 39
Lepton 8, 62, 102
–, elektromagnetische Wechselwirkung 107
–, schwache Wechselwirkung 118
– zahl 104, 102
Lichtleiter 38
Linearbeschleuniger 5
Llewellyn-Smith Summenregel 139
Lorentztransformation 24
Luminosität 60

Magnetisches Moment 12, 13
– –, anomales 110
Massen|schwächungskoeffizient 33
– zahl 8
Meson 8, 69

Meson, pseudoskalares 77
–, Vektor-83
– B 83
– D 80
– D* 84
– D_s 80
– D_s^* 84
– J/ψ 84, 85
– K 78, 127
– K* 84
– η 78
– η' 78
– η_c 80
– ω 84
– φ 84
– ρ 84
– Υ 85
MeV 16, 143
Molière-Radius 45
Muon 8, 17, 63, 103, 112
– Atom 111
– Fusion 111
– Lebensdauer 115
– Neutrino 8, 63, 102
– quantenzahl 103
– -Spin 19
– Strahl 129
– Streu-Experiment 130
– Zerfall 114

Na I 38
Naturkonstanten 148
Nebelkammer 42
neutraler Strom 74, 143
Neutrino 21, 63, 103
– Elektronstreuung 118
– Masse 23
– Nachweis 22, 104, 105, 131
– Reaktion 115, 118, 131
– Strahl 104
Neutron 8, 88, 128
– Lebensdauer 21, 120
– Zerfall 74
Nukleon 8, 128
– resonanz Δ 69, 88

Paarerzeugung 32
Paritätsverletzung 123
— beim π-μ-Zerfall 126
Partonen 134
PC-Verletzung 127
PETRA 58
Photo|effekt 31
— multiplier 38
Photon 15, 72
Pion 8, 16, 78
— -Zerfall 121, 125
Planck'sche Konstante 9
Positron 19, 35, 64, 67
— Quelle 56
Positronium 112
Proportionaldrahtkammer 40
Proton 8, 88, 128
— Lebensdauer 68
— Radius 68

Quadrupolmagnet 51
Quanten|chromodynamik QCD 73, 96
— elektrodynamik QED 71, 102, 107
Quark 62, 63, 94
—, up 94, 63, 70
—, down 94, 63, 70
—, Charme 94, 63, 70, 80
—, seltsames 94, 63, 70, 79
—, top- 94, 63
—, bottom 94, 63, 70
— Ladung 69, 96, 99, 141
— Masse 94
— See 138
— Spin 95, 100, 135
— confinement 94, 101
Quarkmodell
— der Mesonen 76
— der Baryonen 88
— des Nukleons 128
Quarkonium 87
QCD-Kopplungskonstante 96, 101
QED-Prüfung 108

Relativitätstheorie 24
Resonanz 77

Richtungsquantelung 13
Ruhemasse 24
Rutherfordstreuung 24

Schauer, elektromagnetische 35
— zähler 45
Seltsame Teilchen, Zerfall 121
Seltsamkeit 80
Semileptonische Reaktionen 120
Skalenverhalten 134, 133
SLAC 56, 135
Sollbahn 57
Speicherring 57
Spin 10
— des Elektrons 12
— von Kernen 12
— des Neutrinos 21
— des Neutrons 12
— des Protons 12
— des Quarks 95, 100, 135
Standardmodell 141
Strahl|emittanz 60
— optik 51
— transport 53
— Matrixformalismus 54
Strahlungslänge 29, 30
Streamerkammer 43
Streuung, Rutherford 24
—, tief inelastische von Muonen 131, 133
— von Elektronen 133
— von Neutrinos 131, 135
— Wirkungsquerschnitt 23
Strom-Strom-Ansatz 113
Strukturfunktion 134
SU3 142
Synchrotron 57, 61
— schwingung 59
— strahlung 61
Szintillator 38
Szintillations-Glas 46
— zähler 37

Tau, Lepton 63, 102, 106
— Neutrino 63, 102, 106
— quantenzahl 102

Sachverzeichnis

Tau, Zerfall 119
TASSO-Detektor 47
tief unelastische Streuung 131
– – – von Neutrinos 135

Universalität, Elektron-Muon-Tau 112, 116, 119

Valenzquark 139
Vektorboson 74
Vektorteilchen 74, 83, 113
Vielfachstreuung 27
virtuelle Teilchen 71, 85

Wasserstoffatom 10
W-Boson 74, 113, 117
–, Entdeckung 146
W-Boson, Masse 144
Wechselwirkung
–, elektromagnetische 23, 70, 107
– Kern- 14, 73, 101
–, schwache 20, 73, 113
–, starke 72
–, superschwache 75
Weinberg-Winkel 118, 144
Wirkungsquerschnitt
– Definition 23
Wu 124

Yukawa 16

Z^0-Boson 75, 114, 117
–, Entdeckung 145
–, Masse 144

Wegener
Physik für Hochschulanfänger

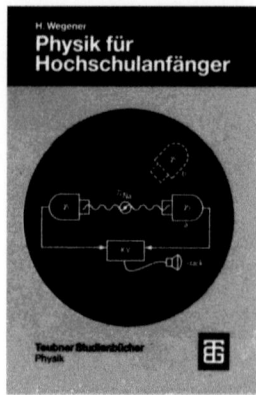

Aus dem Inhalt

Materie – Antimaterie / TCP-Theorem / Bewegung von Massenpunkten / Relativitätsprinzip / Lorentztransformation / Grundgesetz der Mechanik / Integration der Bewegungsgleichung / Erhaltungssätze / Raketengleichung / Drehbewegung / Relativistische Mechanik mit Anwendungsbeispielen / Gravitation und Planetenbewegung / Beschleunigte Koordinatensysteme / Mechanische Eigenschaften makroskopischer Materie / Strömungen / Hauptsätze der Wärmelehre / Kinetische Gastheorie / Boltzmannfaktor / Maxwell-Verteilung / Teilchen und Felder / Maxwell-Gleichungen / Elektrostatik / Elektrische Feldenergie / Leiter im elektrischen Feld / Magnetostatik / Stromkreise und Leitungsmechanismen / Induktionsgesetz / Magnetische Feldenergie / Komplexe Zahlen und Wechselstrom / Elektrische und mechanische Schwingungen / Elektromagnetische Wellen / Experimente mit Hertzschen Wellen / Materie im elektromagnetischen Feld / Supraleitung / Polarisation und Magnetisierung / Wellenoptik und Photonen / Hohlraumstrahlung / Materiewellen und Atome / Radioaktivität und Atomkerne / Elementarteilchen und Quarks / Supernova / Neutrinos

Von Prof. Dr.
Horst Wegener,
Universität
Erlangen-Nürnberg

2., überarbeitete und erweiterte Auflage. 1989. 498 Seiten mit zahlreichen Bildern und Tabellen. 13,7 x 20,5 cm.
Kart. DM 46,–
ISBN 3-519-13053-X

(Teubner Studienbücher)

Teil 2 des bisher zweiteiligen Werkes bleibt bis auf weiteres lieferbar:
Kart. DM 24,80
ISBN 3-519-03054-3

 B. G. Teubner Stuttgart

Walcher
Praktikum der Physik

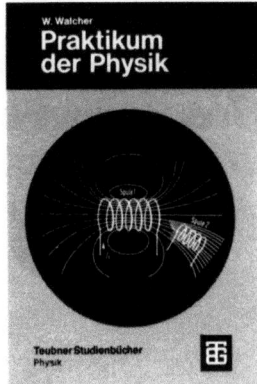

Eine Einführung in das Physikalische Praktikum für Studierende der Physik, der Naturwissenschaften, der Ingenieurfächer und der Medizin

Physikalische Größen und ihre Einheiten Fehlerrechnung, Praktische Regeln

102 Versuche zu den Gebieten Mechanik, Akustik, Wärmelehre, Optik, Elektrizitätslehre, Atomphysik, Digitale Elektronik, Elementare Behandlung von Schwingungsgleichungen
Tabellen

Von Prof. Dr.-Ing. Dr. h. c.
Wilhelm Walcher,
Universität Marburg.

Unter Mitarbeit von
Prof. Dr. M. Elbel,
Prof. Dr. W. Fischer,
Dr. G. Popp,
Dr. R. Sturm,
Dr. R. Thielmann und
Prof. Dr. W. Zimmermann

6., überarbeitete und ergänzte Auflage.
1989. 415 Seiten mit 102 Versuchen, 235 Figuren, 17 Tabellen im Text, einem Tabellenanhang und einem ausklappbaren Periodensystem der Elemente.
13,7 x 20,5 cm
Kart. DM 38,–
ISBN 3-519-03038-1

(Teubner Studienbücher)

 B. G. Teubner Stuttgart

Grotz/Klapdor
Die schwache Wechselwirkung in Kern-, Teilchen- und Astrophysik

Eine Einführung

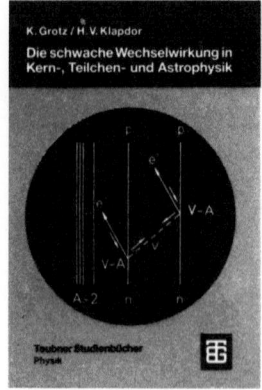

Die schwache Wechselwirkung spielt eine bedeutende Rolle in den genannten Teilgebieten der modernen Physik, und die Entwicklung ihrer modernen Theorie ist eng verknüpft mit derjenigen der Elementarteilchenphysik. Experimente der Kernphysik liefern wichtige Tests zur Natur des Neutrinos und damit zur Struktur der Großen Vereinigungstheorien. Andererseits sind etwa der »klassische« β-Zerfall hoch-instabiler Atomkerne wie die Eigenschaften und Wechselwirkungen von Neutrinos von zentraler Bedeutung für aktuelle Fragen der Astrophysik und Kosmologie. Das vorliegende Buch hat sich die Aufgabe gestellt, einen Einblick in die Konzepte der schwachen Wechselwirkung zu geben sowie in die auf sie zurückzuführenden engen Verbindungen zwischen Mikrophysik, Astrophysik und Kosmologie. Ein ihrer Bedeutung entsprechendes Gewicht wird auf die Behandlung der Neutrinos sowie aktuelle Forschungen zu diesem Gebiet gelegt.

Aus dem Inhalt

Elementarteilchen und Wechselwirkungen / Klassische Theorie der schwachen Wechselwirkung / Kernstruktur und Betazerfall sowie Doppelbetazerfall / Schwache Wechselwirkung als Eichtheorie / Schwache Wechselwirkung und Große Vereinigungstheorien (GUTs) / Neutrinos / Kollaps schwerer Sterne / Elementsynthese im Universum / GUTs und Kosmologie

Von Dr. **Klaus Grotz,** Reutlingen, und Prof. Dr. **Hans Volker Klapdor,** Max-Planck-Institut für Kernphysik, Heidelberg

1989. 458 Seiten mit 141 Bildern und 39 Tabellen. 13,7 x 20,5 cm. Kart. DM 46.–
ISBN 3-519-03035-7

(Teubner Studienbücher)

 B. G. Teubner Stuttgart

Teubner Studienbücher

Physik Fortsetzung

Rohe: **Elektronik für Physiker.** 3. Aufl. DM 29,80
Rohe/Kamke: **Digitalelektronik.** DM 28,80
Schatz/Weidinger: **Nukleare Festkörperphysik.** DM 34,—
Schmidt: **Meßelektronik in der Kernphysik.** DM 28,80
Theis: **Grundzüge der Quantentheorie.** DM 34,—
Walcher: **Praktikum der Physik.** 6. Aufl. DM 38,—
Wegener: **Physik für Hochschulanfänger.** 2. Aufl. DM 46,—
Wiesemann: **Einführung in die Gaselektronik.** DM 34,—

Preisänderungen vorbehalten

 B. G. Teubner Stuttgart

MIX
Papier aus verantwortungsvollen Quellen
Paper from responsible sources
FSC® C105338

If you have any concerns about our products,
you can contact us on
ProductSafety@springernature.com

In case Publisher is established outside the EU,
the EU authorized representative is:
**Springer Nature Customer Service Center GmbH
Europaplatz 3, 69115 Heidelberg, Germany**

Printed by Libri Plureos GmbH
in Hamburg, Germany